有问题 就会有答案

走出
Boost Your Ego
心无力

林音 —— 著

台海出版社

推 荐

Sia
小学老师，29岁

依恋关系里，我是极度回避型的。以前，我害怕与异性单独来往，只要他们表现出好感，我就会瞬间逃离或排斥——这缘于我的原生家庭。记忆里，母亲总是说父亲的不好，争吵不断。从小我就缺乏安全感，在亲密关系里又感觉自己不够好、不值得被爱。所以，为了避免"结束"，我也避免"开始"，因此错过生活中一些美好的可能，活着也缺少动力。

这样的经历，也让我成为一个高度内耗的人。做事前，我的脑海里会产生各种挣扎，最终拖延放弃，错过不少机会。直到现在，我才发现，原来每个人都不完美；原来自己也有让他人喜欢的闪光点；原来，还有能遇到真爱的时刻；原来，这个世界并没有我想象的那么不安全……我才发现，原生家庭对自己有很大影响，但最后做出什么选择，还是掌握在自己手里。

觉察，是改变的第一步。如果你是一个"回避依恋者"、内耗者，如果你也在找寻人生意义，不妨读一读这一本《走出心无力》。我相信，它会给你一些意想不到的力量。

茉莉

心理咨询师，31 岁

  我很喜欢的歌手程璧说，自己在 25 岁之后，就开始了肆意生长和无知无畏的生活，这样的选择给了她今天的回馈——以做喜欢的事为生的权利。她曾说，她的努力是为了"自然而然地生活"——这也是我努力想要过的生活。

  当初做出从学校辞职，做自由职业的决定时，我也曾有过漫长的犹豫不决。选择脱离正常轨道，倘若以后想要回到轨道上，我不知道还会不会有机会，会不会让自己的职业生涯陷入不可挽救的错误当中。思前虑后的那段时日，日复一日上班的我变成了"行尸走肉"，整个人陷入抑郁、绝望的泥潭之中。然而，我觉得，一生当中，应当有哪怕一次的机会，遵循自己内心的意愿来生长，不要等遥遥无期的以后再来后悔。有所得，必有所失。这是我自己的选择，我会为此承担后果。

  其实，这也是大自然的生长状态。没有那么多"必须""应该"和"人为力量"的阻挡，万事万物都遵循自然的节奏和规律生长着。冬天休眠，春天苏醒，夏天盛开，秋天收获。花儿不必在冬天盛放，人也不必要求自己在抑郁的时候振作起来。希望你可以把阅读《走出心无力》这本书，当作一次冬眠，好好休息后，重新出发。哪怕只有一次，忠于自己去活。

D

资深主笔，30 岁

从小到大，我是一个既"听话"，又"叛逆"的人。一方面，我是爸妈喜欢的"乖乖女"，是村里第一个考上本科的人。从小勤快，什么脏活累活都干，是爸妈的得力助手，他们一直以我为豪。

另一方面，我又让爸妈很头疼。小时候，我要洗全家人的衣服，洗到上初中我觉得很不公平：为什么我要帮弟弟洗衣服？我和妈妈吵：谁规定女人就要做这些？通常吵到最后，我妈都觉得我不可理喻，但又说不过我。高考报志愿，爸妈要求我报师范专业，我担心自己不适合当老师，擅自报了新闻学。爸妈看到录取通知书时觉得我以后"完了"。上大学后，爸妈经常叮嘱我不要谈恋爱，好好读书……我一样没听。大学谈恋爱、逃课、半夜12点和同学们在外面轧马路……我就是这样，一边听话，一边叛逆着长大——读书、上大学、工作、恋爱、结婚。

明年我就30岁了。有时我也会陷入没有爱好、没有特长，经常不知道自己喜欢什么、想要什么的迷茫里。幸运的是，一路磕磕绊绊走到现在，我越来越确定一件事：我可能不知道自己想要什么，但当我知道自己不想要什么，答案就会浮现出来。加上一点"叛逆"的勇气，我就能尽量活出自己想要的样子。就像这本书说的：克服"心无力"的核心，就是找到"我是谁"。我相信，当你读这本书时，你会一步一步走向自己内心最深处，你会看见一个越来越真实的自己。那时，你便不会再害怕，你会从心里长出"做自己"的勇气。

走出心无力

袁十一
新媒体高级编辑，28 岁

两三年前，我 25 岁。和大多数人一样，半梦半醒地活着。如无意外，应该是在城市当几年社畜，信奉那些劝你"做自己"的"鬼话"。搞笑的是，我们活了这么多年，却连自己是谁都不知道。

此前很长一段人生里，我不知道什么叫"自我"。只知道在社会评价体系里，评判一个人是否足够优秀，就看他能不能赚到钱，买房买车结婚了吗，然后把自己逼成"工作机器"，不断追赶前面的人。时间长了，人会非常累。我开始一遍遍问自己：你总觉得努力变成别人期待的样子就好了，可当下的你幸福吗？我喜欢的，是否真的是我喜欢的，还是从小被社会驯化的？我是不是我？我的一切喜好、想法，到底与潜意识里真正的我，有何不同？心里有两个"我"在拼命撕扯，想拾起碎片拼凑成我本来的样子，却找不到答案。但林音（本书作者）告诉我："你的内心开始冲突了，像有生命力的植物一样，敢破土而出了。"那一刻，我才知道：哦，我还这么有韧劲，还能自我觉醒，挺了不起的。

存在主义心理学家欧文·亚隆曾说："绝望是人为自我觉悟所支付的代价，看进生命的深处，你总会找到绝望。"如果你在思考"我是谁"，寻找人生的意义；如果你不想再做乖小孩，又不知如何改变；如果你不想再"自我PUA"，想要摆脱自卑……那就找个安静的下午，读读这本书吧！在这个极易焦虑的时代里，这本书能让你跟自己的内心对话，看见你本来的样子。这至少，是你敢去改变的开始。我希望，它可以让你的绝望与不幸，成为你拯救自我的幸运与契机，让你从"心无力"的状态中，重获新生。

自 序

"我也不是想死，我只是不知道为什么而活。"

我听过很多年轻人讲过这句话，我从他们身上感到一种强大的无力感。当然，也包括曾经的我自己。

我从小就有一种感觉：我的存在很模糊，内心总是缺乏某种力量和支撑，看不到前进的方向。有时我不太清楚，为什么做这件事，为什么这样生活着。当我看到空中乱飞的昆虫时，会感觉到自己也是摸不清方向的虫子。但那时，年幼的我并没有思考，这具体是一种什么样的状态。

在我20多岁的年纪，经历着人生的至暗时期。曾有长达3年的时间，每天被无力感折磨。那时我什么都不想做，除了强迫自己完成每天的工作任务和生活外，只是平躺在床上，任时间流逝。即使有一些想要实现的目标，也无法推动自己去行动。不管用什么样的方法，都无法让自己感觉到前进的动力。

无论是在热闹的人群中，还是独自旅行，无论是在奔忙的生活中，还是休息的间隙里，一般人能正常感受到的那两个词——幸福和满足，于我来说，是不敢想象的。于是，我开始思考：人为什么会有这样的状态？为什么我感知不到对生活的喜欢和兴趣？难道就没有办法让自己重新生出动力去生活和奋斗吗？我决定，把这件事作为我人生的重要议题，寻找答案，探寻出路。

这究竟是一种什么样的状态呢？

一个人可能平时看上去好好的，能够正常处理和应对工作生活中的压力和日常事务，但在不经意间，他会变得"什么都不想做，做什么都没有动力"。当他望向内心深处，他不知道自己是谁，为何活着，要走向何处。没有自我，没有目标，没有意义，没有信仰，内心空洞。像"行尸走肉"一样，只剩一个躯壳。

有一种躯体的症状，叫"肌无力"。形容人的部分或全身骨骼肌肉没有力气，易疲劳。而现在，一些年轻人的内心也越来越没有力量，这样间歇性的"心无力"，已然成为一种心理常态。

即使在人群之中，所有人都特别高兴、特别热闹的时候，处于"心无力"状态的人也会感觉到一种内心的悲凉。他们的心灵深处始终存在着一种"流放的空虚"之感。不想恋爱，不想工作，不想生活。因此无数次痛苦地向自己发问：既然如此，为何要活着呢？

这些年，我见过不少感受到"心无力"的年轻人。在人生最应该光辉、绚烂、青春的时光里，他们却陷入内心深度的无力感中。即使经历反复的挣扎与斗争，他们还是无法克服，最后只是依靠惯性艰难地推着自己向前走：学习，考试，工作，结婚，生子……好像人生已是写好结局的悲剧。

我与他们不断地交谈，彼此理解，共同思考。我发现，人们陷入"心无力"，总是有相同的特征和原因。而经历漫长和艰难的历程之后，我走出了"心无力"，也找到了一些克服和解决的方法。当然，即使是现在成为心理行业从业者的我，不时仍会陷入这样的感受之中，这是人类现在和未来将面对的心理状态。但当我了解我是谁、为何如此、要走向哪里后，便不会像以前那样盲目而不知所措了。

在很多人的一生里，除了一无所知的幼儿时代，大部分时候都扮演着被人操纵的角色，被灌输很多思想、目标和概念，没有做过自己，没有属于自己的价值体系。而长大成人后，他们又无奈地被各种物欲和思想侵蚀心灵，从未真正思考过：这是不是我的想法，这是不是我想要的人生。**所有的努力和对目标的追逐，不是内心自然生发的愿望，而是外界生拉硬拽的成长。到最后，内心的驱动和愿望活生生被剥离，远离自我，灵魂从此游荡。**今日，我们时常能听到年轻人说：

"我不知道我要做什么。"

"我不知道我喜欢什么。"

"我做什么都一样。"

"谈恋爱干吗？没什么意思。"

"梦想？我早就忘记了。"

"喜欢？热爱？感兴趣？心动？不存在的。"

"就算喜欢一个人，我也不会主动，只会回避。"

没有"心"的人，如同行尸走肉，无独立精神，无自由意志，无真爱浇灌，无耐心引导。有的人因为无力而变得抑郁，丧失生活的动力，沉浸在颓废中。很多人因为缺"爱"，没有真正接纳过自己，真正爱过自己。所以，当面对各种生命的挑战和障碍时，他们总是习惯回避。想要去爱，又感觉自己没有爱的能力，始终无法建立一段真正属于自己的亲密关系，一次次与"爱"失之交臂。

这就是"心无力"的典型状态。

而一个人要如何走出"心无力"呢？

还记得那年我 22 岁。在高层大厦里，我每天打着字，像自动运转的机器；穿着职业装，面对着不感兴趣的人，做着自己不喜欢的工作，周旋于各种关系之间。我逃避着生活，总是失眠与熬夜，无数次在失望中等待下一个黎明到来，开启重复的、早被规划好的一天。

长此以往，我变得"钝化"了，感觉不到生活的气息和内在的感觉，精疲力竭地拖着身体前行。如同在黑暗的洞穴里行走，始终看不到任何光亮。

当完成一天的工作，在人群里等公交时，我看着每个人的表情都像经历了一场又一场无限重复的战役，疲惫至极。突然，像灵魂脱壳一样，我的大脑里冒出另一个我，向我自己发问：

既然不喜欢，为什么每天要去往那个地方呢？为什么一定要搭乘这辆车，回到每天都会回到的地方呢？如果不愿意，为什么要做别人认为光鲜，自己却不认同的工作呢？

你是否还记得，你曾经为之心动的，想要去追寻的是什么？

是的。我从未想过自己要如何活。或者我想过，但很快就放弃了。我只是盲目地向前，被人推着走。

一个背着吉他的年轻人吸引了我的注意。他二十出头的样子，戴着耳机，音量极大，随着音乐他摇晃着脑袋，脸上挂着我已经很久没有拥有过的表情——微笑。

我突然想，他为什么会开心呢？

我问："你在听什么歌？"

对于我突然的提问，他有点不知所措，慌张地不断用手比画着什么。看我还不明白，他用手机上的备忘录打字："对不起，我天生听力不太好，有耳疾，只能听到一点点。"

我才意识到，他听不到正常音量的声音。我十分好奇，这样的他为什么会背着吉他，学习音乐呢？他打字回复我：因为喜欢。

那一刻，我突然感受到一种奇妙的力量从内心腾然升起。即使他听不清，却仍然追随着自己内心的声音，即使微弱，也倾耳凝听。这微弱的声音，是来自他内心深处最原始的渴望和冲动。

"那些听不见音乐的人，总是认为那些跳舞的人疯了"，但音乐一直都存在。而多年之后，我循着直觉和内心的呼唤走到了今天，成为探寻和拥抱人性的心理行业从业者和作者。

在这本书中，我会赋予自己一个角色和身份——"林音"，和你聊天。林音是一名心理咨询师，但这个身份不重要。因为更重要的是，她也曾是一个陷入严重"心无力"状态的年轻人。跟很多人一样，她亲自感受和经历过"心无力"的体验，并在不断的探索以及与他人的交谈和思考中，自我救赎，度人自度。

这本书里不会有什么高深的理论，也不会有多么惊世的见解，有的只是一个平凡人面对这个多变的时代与复杂的世界，对自我和生命深度的探索与挣扎。

最后，我永远相信生命本身的力量。如果我们愿意，可以将"心无力"作为一个生命的爆破点，改变自己，重获新生。它将带领我们穿越虚无时代的迷雾，找到人生的真相，找回那颗虽被遗失很久却充满力量与动力的"心"。

目录

第1章 "心无力"时代，我们该如何自处 / 001

第2章 自我PUA / 011
曾经自我厌恶到极点，现在却拥有自爱的能力

01 内耗型人格：你最大的敌人，便是你自己 / 012
02 极度厌恶自己，是因为带上了"负面滤镜" / 014
03 否定惯性：如果没被爱过，就不会懂得自爱吗 / 018
04 脆弱的地基：为什么有的人越挫越勇，有的人则不堪一击 / 021
05 自爱的转折点：不是你的错，就不要承担 / 026
06 偏见的真相：大部分人对你的评价，与你无关 / 029
07 投射性指责：那些指责你的人，可能是在逃避责任 / 033
08 克服"自我PUA"的关键：建构一个内部评价体系 / 036
09 想变得更好，反而要接受自己的局限性 / 040
10 接纳自己不意味着不改变，反而让人更有力量去改变 / 044
11 最终能够拯救你自己的，只有你自己 / 046

001

第3章 空心人生 / 061
做了30多年的"行尸走肉",
我终于找到了人生的意义

01 间歇性心无力:被倦怠感毁掉的人生 / 062
02 "过劳"的快生活,只剩下空洞 / 064
03 人生没有绝对的落后,要找到自己的节奏 / 067
04 流水线产品:优秀的做题家,为何变成了"行尸走肉"? / 070
05 抹掉自我,你在为谁而活? / 074
06 一个人一个活法,你不是所谓的失败品 / 077
07 同质化地狱:内心空虚的我们,需要"沉思的生活" / 080
08 内卷竞争下的"情感钝化":我们都是孤岛 / 084
09 心无力的本质:信仰缺失,是一种"心病" / 087
10 有目标的人生:心之所向,即是归处 / 090

第4章 微笑抑郁 / 107
亲历抑郁这个"人间怪物"后,
我反而涅槃重生

01 高功能抑郁:表面笑容满脸,转身却只想消失 / 108
02 双面人生:人人都是好演员 / 111
03 为何抑郁?谁给你安了一个"乖巧听话"的人设? / 114
04 太懂事的孩子,大多不健康 / 118
05 抑郁是因为太脆弱?不,是因为太坚强 / 121
06 微笑面具有好处?要克制情绪,更要学会表达 / 124
07 抑郁是怪物?不,它或许是一个人涅槃重生的机会 / 127
08 抑郁可耻?身边人的无知,是压垮抑郁者的最后一根稻草 / 130
09 克服抑郁:爱是最好的药,最后的堡垒 / 133
10 疗愈的本质:我爱白天的你,也爱黑夜的你 / 136
11 你是普通人,也是勇士 / 138

目 录

快乐无能 / 153
快乐成为最大的奢侈品，
要如何找回对生活的动力与激情？

01 快感缺失：你有多久没有感受到真实的快乐了？ / 154
02 疲惫的真相：一眼望得到尽头的人生 / 156
03 不快乐的本质：被压抑的天性 / 158
04 "永不满足"，才是一个人内心最大的损耗 / 161
05 要比较的话，就全面彻底地比较吧 / 164
06 不要成为"受害者"，警惕"自我中心意识" / 168
07 在疯狂劳动的同时，不要丧失童心的本质和原始的快乐 / 171
08 快感不等于快乐，真正的快乐是精神上的平和 / 174
09 世界上只有一种真正持续的快乐，叫心安理得 / 177

恋爱失格 / 191
回避型人格的我，
终于学会了拥有亲密关系

01 高依恋回避者：逃避，是永远的人生主题 / 192
02 "若即若离型"恋人，本质也向往亲密关系 / 194
03 在感情中强调"边界感"，是害怕因为他人丧失自我 / 199
04 追求心理舒适度：缺乏安全感的人，随时准备逃离 / 203
05 寻求稳定的"情感客体"：像大树一样的存在 / 205
06 真实，是克服一切感情障碍的通行证 / 207
07 要想拥抱大树，首先要让自我强大 / 210
08 两性关系模型：谁在影响你对异性的态度？ / 212
09 契约恋爱，一步步打破"爱无力"魔咒 / 214

30 岁，
我决定过一种"不无力"的人生 / 229

003

第1章

"心无力"时代，我们该如何自处

> "
> '自我实现'是一种人类内在固有的'驱动力'，这种驱动力激发我们不断挖掘、发展天赋的能力与才华，将自身潜力发挥到极致，并将最终引导我们找到人生的道路。
> "

近几年，当"抑郁""躺平""内卷"这样的字眼反复出现在社交媒体和大众面前时，我们会惊讶地发现，年轻人显露出的这种抑郁与无力的状态越发严重。对于他们，"活着"这件事，仿佛变成了世界上最困难的事之一。

这并非某个个体的感受，人们似乎陷入了相似的心理困境——一种集体的"心灵的焦虑、空虚与疲乏"正在发生。即使是每日出入高档写字楼，周旋于各种"成功人士"中间，看似光鲜靓丽的年轻人，实际上也时常感受着来自内心巨大的倦怠与困顿。很多大学生、高中生甚至初中生，都能感觉到间歇性的无力感。

那么，本应有广阔天地和美好未来的年轻人，为什么会出现如此严重的精神危机呢？为什么现在的年轻人越来越悲观，丧失活力，没有欲望，找不到生活的意义呢？

"心无力"具体有哪些表现？

最大的特征就是：累。即使没做什么事，没遇到特别大的坎，也会突然感到心累，极易疲劳。

- 无意义感：做什么事情都感觉没有意义，看不到人生的希望，很容易空虚。
- 回避亲密社交：易感到孤独，即使如此也倾向于远离人群，不会主动寻找建立社交和亲密关系。
- 倦怠感：最开始会充满激情，但激情会很快覆灭，对一直喜欢的事情也容易产生倦怠。
- 拖延倾向：面对事情不想处理，能拖就拖。面对一点小的困难，都会觉得难以招架。

- 自我价值感低：容易被他人评价影响，自我否定，感受不到自己存在的价值。
- 难以快乐：缺乏对大部分人和事的内在激情，情绪低落，觉得生活没什么乐趣。

什么样的人容易"心无力"？这是复杂多变的时代和环境共同造成的心理挑战。

"成年早期"的压力巨大，面临自我与传统的抗争，婚姻和事业的双重挑战。

"心无力"，多见于 25～35 岁、处于心理学上"成年早期"的人们。

这个人生阶段，人们面临着结婚生子、成家立业的任务和压力。这个时期，我们要使自己的行为与成人社会的要求相一致，成为一个对自己负责，对社会负责的独立个体。

这个时期的一些年轻人不再把社会的要求当作自己的人生标准，不按部就班，人生节奏和轨迹与传统观念、固化的标准、他人的期待不再符合，他们就会在现实层面遭遇诸多的精神"围剿"与攻击——催婚催生。"你为什么不如别人？""你为什么还不结婚？""你为什么不早点成家立业？"

很多人在面对严重催婚或者情感绑架时，异常痛苦，甚至因此抑郁。有人则无法寻求职业上的突破，陷入事业瓶颈期。除此之外，人们还要努力建立亲密的、成熟的人际关系，以满足自己情感上的需要。否则，就会被一种巨大的孤独感和空虚感笼罩。因此，人的内心冲突变得尤为复杂和严重。

再加上外界日益复杂的环境和时代的变局制造着各种挑战和冲击，这些因素叠加在一起，"成年早期"是对于一个人抗压力、自我疗愈能力、心理韧性的重大挑战。

高度商品化社会和过度比较竞争造成内心的空虚与无力

流水线的社会很容易"生产"抑郁者和厌世者。

在高度的商品化和竞争中，人本身也变成了商品。当我们生命的大部分时刻都被商品化，人内心的自主、独立和安宁便被剥夺，取而代之的是彻底的利益至上和对市场价值的疯狂追求。

首先，社会阶层固化让一个人突破所属社会层级的难度越来越大，因此很多人对未来悲观。即使他们并不喜欢朝九晚六的工作，每天两点一线，工作内容固定单一，却又无能为力。哪怕是很多优秀的名校毕业生和职场精英，也为"财务自由""社会分级"等问题焦虑着。伴随着物质层面的不安全感，人与人之间贫富差距、生活水平差距的比较，心理层面的扭曲与瓦解也在被逐渐放大。

泛滥的成功学和"财富自由学"让我们投入改变自身命运、获取成功的大军中，但实际上，你的人生可能非但没有大的改变，而且还被集体营造的焦虑和虚无裹挟。"鸡娃""内卷""996"，我们在追求更多的物质，内心却变得很难快乐和满足，最后麻木到成为行尸走肉，直至崩塌。

高度商品化带来的另一个问题是审美和感知幸福能力的退化。19世纪的哲学家尼采很早就预测过这个现象——我们用本能和直觉去感知美的能力已经严重退化。过度的娱乐化和低俗化会使审美迅速陷入极端贫乏的状态。

功利型社会中虚假、同质化的东西越来越多，只要可以赚取流量、赚钱、吸引人的注意，人们便无所不用其极。一些人开始追求快餐式的情感寄托，将每天关注的焦点大量放在娱乐追星、网红打赏、网络游戏上，以逃避现实。

而我们自己，也变成了商品的一部分，参与到虚假流量的创造之中。我们的时间，我们的精力，我们的想法，我们的思想，我们的大脑，我们的心都在围着一个主题转——如何创造更多的利益，而不是创造更多的价值。和那些制造假新闻，还有那些被刺激和噱头捆绑的看客一样，很多人没有自己的思想、自己的坚持，完全沦陷在一个虚拟的世界里，被流量化了。**由此，人的创造力的丰富性遭受摧残，生命所蕴含的情感被分解，精神世界逐渐萎缩，心也走向混沌、无力和虚空。**

高压和缺爱家庭环境及个人经历，造成的"无根感"

容易"心无力"的人，往往在相对严格和高要求的环境中长大，按照别人制定好的标准行事。若他们原本是有主见和想法的人，当思想和意识的自主性遭到打压，就会变得更加压抑。

在成长过程中，特别是面对困境时，他们往往在家庭中较少得到心理支持和理解，总是独自解决问题，这便加重了其对人生的负面感受。因为"缺爱"，他们和父母等重要人物之间的依恋关系存在问题，内心普遍非常缺乏安全感，难以信任他人。一种来自骨子里的"漂泊感"和"无根感"就此产生。因此，这一类人在个性上也有一些共同特征：

- 自卑，自我评价低。
- 高敏感人格，共情力高。
- 完美主义，自我要求与期待值高。
- 在感情上回避，对他人难以信任。

如果一个人在成长过程中，绝大多数时候都在外在标准、评价和想法中长大，做的事情都是为了满足他人的期望，很少聆听自己内心的声音，那么他就会慢慢失去与自己的联结。"我不知道自己喜欢什么，不知道自己是谁"，这种感觉就是"丧失了与自己的联结"。与自己内在联结不够，会导致做事情没动力，容易迷失。

如果一个人和父母的依恋不足，很少感到与人之间的亲密、联结和爱，内心总是感觉不到力量和支撑，与其他事物的联结也比较弱，就会对很多事情没有激情，对世界没有爱。就像水上的浮萍，其内心飘忽不定，无所依靠，自我分裂。面对挑战时，往往心里没底，恐惧挑战，很难跨越障碍。遇到困难时，容易后退、逃避、拖延，一般只会待在自己的舒适区。

在缺爱环境下滋长的"心无力"，会引起一系列的恶性循环。越是感觉到无力，就越会自我怀疑、自我否定，但越是感觉不到自我价值，反过来就更无力。如此，周而复始，循环无尽，长期的"心无力"，会磨灭一个人的生存意志，摧毁一个人对未来的希望。

理想与现实的差距过大，无法自洽

容易感受到"心无力"的人大多偏理想主义，对人生有自己的追求与向往，在精神层面有自己的执着和坚持。他们总是需要在社会现实和内心向往之间智慧而果敢地做出平衡与选择，但往往事与愿违。

当结果不尽如人意，现实不断冲击内心时，他们会认为，自己不管做什么都是徒劳，没什么用，所有努力最后都会烟消云散，化为乌有，自己永远比不上别人。

一面是向往"天才"的自己，一面是郁郁不得志的"普通人"。**当精神领域的追求遭遇现实生活中的卑微，差距越来越大又不能自洽，他们在实现自我和平衡现实中精疲力竭，就会陷入极端的痛苦，最后导致猛烈地自我攻击。**于是，为了活下去，越来越多的年轻人开启了自我保护式的"欲望降级"，开始"躺平"，远离过多的碎片化垃圾，远离过度的竞争，寻求精神的一隅净土。

走出"心无力"，寻找"失落的真实"

"心无力"的本质是内心被深深压抑和遗忘的渴望。

这种被压抑、遗忘的内心的冲动，我称之为"失落的真实"。这种"真实"，长期被权威的框架束缚，被世俗的限制阻挡，被各种成功学、商品化以及过度竞争撕裂，于是我们满足于追逐那些利益集团为我们制造的、对我们真正的内心毫无益处的东西，从而忘记了自己是谁。

"真实"的感觉，如同清华大学校长梅贻琦所说，是"你看到什么，听到什么，做什么，和谁在一起，有一种从心灵深处满溢出来的不懊悔，也不羞耻的平和与喜悦"。

当本该追求自我的年轻人被迫选择他人认为理想的工作，被催促结婚生子，无奈地攀比物质财富，沉迷发财投机时，"真实"就像一个被冷落多年的小孩，在煎熬的地狱中绝望地呐喊——"你是否还记得你是谁？"而克服"心无力"的核心，就是找到"我是谁"。

我相信，每一个生命都不是一团任人随意捏造的陶土。每个人心中一定有所热爱，有所追求。每个个体都有"自我实现"的需要和本能。

"自我实现"是一种人类内在固有的"驱动力"，这种驱动力激发我们不断挖掘、发展天赐的能力与才华，将自身潜力发挥到极致，并将最终引导我们找到人生的道路。我们拥有一些本能的东西一直在内心流动，我们一切的挣扎、痛苦、纠结、抗争、尝试，都是为了找到"我是谁"这一问题的答案。

那么，如何寻找"失落的真实"呢？

克服"心无力"，你需要一场"心"的对话

这些年我见过很多"心无力"的年轻人。

他们的内心存在着不同的挣扎：有的人喜欢"自我 PUA"，在自我否定的旋涡里无法自拔；有的人则患上"微笑抑郁"，人前开朗活泼，人后却痛苦不堪；有的人始终无法走出家庭影响，像浮萍一样漂泊半生，找不到立足点；有的人奋斗许久，终有所获，却无论如何都难以发自内心地快乐；还有的人面对真爱，只能无可奈何选择回避，无法走入一段亲密关系……这些既是"心无力"的原因，又是"心无力"带来的结果。

如此恶性循环，没有尽头，但并不是没有方法去克服。

在这些年对于"心无力"的探索和研究中，我和很多年轻人进行

了对话，根据"心无力"的症状和原因，将这个问题主要划分为五大主题：

- 自我PUA：世界上我曾最讨厌我自己，但现在我拥有了自爱的能力。
- 空心人生：做了30年的"行尸走肉"，我终于找到了人生的意义。
- 微笑抑郁：亲历抑郁这个"怪物"之后，我最终涅槃重生。
- 快乐无能：快乐曾是无法企及的奢侈品，现在我会自己生产快乐。
- 恋爱失格：回避型人格的我，学会了如何去爱一个人。

在这本书里，我将设置一个主要的对话者"林音"，通过对话的形式，运用"对话治疗"的特点，和5个年轻人就"心无力"展开对话，对我们共同面对的心理困境进行细腻的解剖和分析。这些故事和对话，展示了一个人的内心从无力慢慢变得有力以及从"心无力"的状态之中走出来的心路历程，可以帮助人们认识到自己的内心发生了什么，为什么发生，如何去面对这种突如其来的，无法抵挡的"无力"状态，活出真正的自己。

我相信，不管是一直"自我PUA"的苏伊、"空心人生"的落岩，陷入"微笑抑郁"的迷鹿，还是"快乐无能"的一白、拥有回避人格的简亦，他们身上都或多或少会有你自己的影子，你也会随着他们前进的步伐，找到属于自己的方向和答案。

第 2 章

自我 PUA

曾经自我厌恶到极点，
现在却拥有自爱的能力

> 无论别人如何欣赏和赞美我，我都觉得自己差劲；无论我多么努力，获得什么样的进步，我都觉得永远不够好；即使有一天我走出了糟糕的家庭环境，我仍无法喜欢自己，认可自己……最后陷入诸如'我一无是处''我是个垃圾'的负性想法的循环里。

01 内耗型人格：
你最大的敌人，便是你自己

这个时代里的很多年轻人看似自恋，内心却是无比自卑的。

苏伊就是其中的一个。她总是无止境地自我怀疑和否定，觉得自己什么都做不好。

"不知道为什么，也许我没那么差，但我只能看到自己身上的缺点。"有时她自我厌恶到极点，甚至希望自己和所有与自己相关的东西像泡沫一样瞬间消失。"可能，没有什么比一辈子都厌恶而又甩不掉的自己更磨人的了吧。"苏伊总是在否定自我，话里话外充满着对自己的无情攻击。

很多人并不能深刻理解这种接近疯狂的自我否定，包括喜欢她的男孩。

他向她表白，她拒绝了。拒绝的原因不是她对他没有好感，而是她不喜欢自己。因为极度自卑，所以未曾尝试就直接逃离。而在她的朋友看来，她绝没有自己描述的那么糟糕，反而是个善良、温柔、有才华的人。

这些年，我行走于各色人群中，发现真正喜欢自己的人少之又少。不管在什么行业，取得了什么成就，在什么样的家庭长大，不少人总是无意识地自我厌恶、否定和对抗，最后陷入无力。**这种习惯性地自我否定和攻击，造成内心无力的行为现象，可以称为"自我PUA"。**

这是一个心理怪圈：无论别人如何欣赏和赞美我，我都觉得自己差劲；无论我多么努力，获得什么样的进步，我都觉得永远不够好；即使有一天我走出了糟糕的家庭环境，仍无法喜欢自己，认可自己……最后陷入诸如"我一无是处""我是个垃圾"的负性想法的循环里。

"自我PUA"的人喜欢"内讧"，总是自己和自己打架，脑海中都是对自己刻薄的攻击。即使那个曾经指责自己的人已不存在，即使他已经能意识到自己不是这样的人，但那个否定自己的声音还会在大脑中一直不停"播放"。所谓"你最大的敌人，是你自己"，便是如此。

有人提出了一个类似的非专业名词——"内耗型人格"。

如果每个人有100%的能量，"内耗型人格"的人80%以上的能量都用在内部无意义的对抗和消耗中。例如，正常情况下，一个人完成一项挑战需要一个小时，但"内耗型人格"的人需要提前给自己做心理建设，提前预设所有可能出现的失败，努力消化掉自己对能否完成好这件事的恐惧和担忧，最后才能下定决心鼓起勇气去做，却还是带着无比悲观和怀疑的心态。如此，原本只需花费一小时完成的事，他们可能要花五六个小时才完成。长此以往，就会对自己越来越失望。

当我们跟自己过不去，把太多的重心放在脑补的内心戏上时，就会产生过度的情绪内耗。所以，"自我PUA"的人比一般人更没有力量去解决困境，对人生更悲观，更容易放弃，更无法好好处理当下的事情。在大部分时间里，他都在反刍过去，忧虑未来。结果，在实现自我目标，获得成就之前，就已经疲惫不堪，心力交瘁。他总是比一般人遭遇更多不必要的挫败，人生旅程也走得异常曲折和艰辛。

我始终认为，自洽是一个人一生最重要的能力之一，也是一个人成功和幸福最基础的根基。如果一个人无法和自己和解，和自己的关系处理不好，那么他会陷入无止境的负能量循环中，摧毁自我所有的信心、骄傲和希望。

那么，到底是什么导致了"自我PUA"？我们如何做才能走出"自我PUA"的怪圈？一个人有可能在后天的努力下，理解、接纳、最终真正喜欢上自己，获得自爱的能力吗？

我和苏伊的对话就此开始。

02 极度厌恶自己，
是因为带上了"负面滤镜"

苏伊：我每次遇到一点很小的挫折，就会立刻陷入强烈的自我否定的低落情绪里。在这种状态下，我变得很不自信，感觉自己什么都做不好，和身边人各种比较，觉得自己一无是处。即使不断自我暗示和调节，也很难找回自信。

林音：这种感觉听起来很痛苦。你从什么时候开始产生强烈的"自我厌恶感"？

苏伊：从很小的时候就有了。我很羡慕那些自信的同学，说话大大方方，做什么事一点都不犯怵。而我呢，只要别人的眼光稍微聚焦在我身上，我就变得很慌。

林音：在什么时候，你的这种自我否定和怀疑最为强烈？

苏伊：一件事不如别人做得好，事情的结果不如自己的预期那样好，以及遭受打击的时候，我会变得极为敏感。**别人的一句话，一个行为，就会让我想太多，脑海中都是那些指责和批判自己的声音。**有时回去后晚上翻来覆去想：我是不是做错什么事，说错了什么话，甚至睡不着觉。

林音：看来"自我厌恶"的确给你带来了很大的困扰。你是如何看待自己的？到底是对自己哪里不满意呢？

苏伊：就是平平无奇吧。身材一般，长相一般，智力一般，在人群里不起眼。成绩、才华和能力，没有一样跟别人比得了。加上从小我的"容貌焦虑"很严重，所以特别讨厌照镜子。每次看着镜子中的自己，我都感到厌恶。我小时候因为胖，矫正牙齿之前有点龅牙，曾被一群人狠狠嘲笑，被人叫"龅牙妹"，遭到孤立排挤。这些事对我影响挺大的。

林音：可是现在的你不是这样了。你看上去改变了很多，但你内心对于自身的焦虑和自卑还在继续。

苏伊：是的。我已经改变了很多，但就是觉得不够，永远不够。过去的事情像一道永远无法愈合的伤疤，总是在不经意的时候突然袭击我。我看到那些长得好看、聪明的人，会不自觉地和他们比较。比较之后又觉得自己什么都不是，像有自虐倾向一样。

林音：听起来，你不想接受也不敢面对真实的自己。你眼中的自己似乎是毫不起眼，普通至极，甚至不招人喜欢。但你身边的人都是这么认为的吗？

苏伊：那倒不是。也有人对我说"你挺好的啊，有什么好自卑的""我没觉得你哪里很差，为什么你自我要求那么高"。但我就是这样一个人，我很难相信别人说的话。有人喜欢我，我会认为是他们太善良，或者只是现阶段跟我关系不错。而且，就算他们现在喜欢我，有一天也会讨厌我。

林音：好像，自我否定和怀疑已经变成了你的"心理惯性"了。不管现实怎样，你都会带上一层厚厚的"负面滤镜"来看待自己和世界，扭曲他人对你的真实立场。别人积极的评价和感受，也无法触达你的内心。

苏伊：因为我实在有太多缺点了。不仅是外貌，我对自己的很多地方都不满意。我讨厌自己怯懦的性格。在工作中总是小心翼翼，害怕做错事，不敢拒绝别人。我想要的，从来都不敢大胆争取。

林音：是什么在阻止你去挑战，去表达，去争取你想要的？

苏伊：我感觉我的内心有个不受控制的孩子，在拼命拉扯我。每次想做什么，大脑中就隐隐约约有个声音对我说："你不行！你不行！你不行！"我想向前，她要向后；我想挑战自己，她要退缩畏惧；我想心平气和，她要哭闹崩溃。不知道为什么，她一直要跟我对着干。我很想改掉这样的性格，但十分困难。

林音：这个孩子是什么样的？

苏伊：很敏感抑郁，情绪化，总是在哭，缺乏安全感。什么都不敢去做，害怕失败。我不知道为什么会有这样一个声音。

林音：有一种说法是，很多人的内心深处，都住着一个长不大的小孩。他可能不是一个具体的形象，而是你童年被卡住的自我。如果一个人在过往经历了严重的创伤和打击，又没有很好地处理和疗愈，内在的情绪无法释放，他的自我的一部分就会卡在那里，蹲在角落里停止成长，压抑成一个阴晴不定的孩子——内在小孩。不管我们长多大，都会带着这个受伤的孩子生活。他会在一些关键时刻出现，让你没有原因地觉得生活无聊、不愉快、缺乏活力；让你觉得和人有距离感，无法亲密，难以体会被爱或感动；让你感到心理疲倦，觉得生活及未来没有意义……总之他会各种阻碍你往前走，在现实生活中制造困境和问题，甚至让你陷入不断重复的自我攻击的心理怪圈。

苏伊：这个内在小孩就是我脑海中的声音，那个总是对我说"你不行"的拖我后腿的孩子吧？

林音：或许是的。现在，你跟我说话的时候，你的脑海中有这个声音吗？

苏伊：现在，我脑海里有一个声音说，"你说的都是废话""你又开始无病呻吟，别人肯定烦死你了"。我会担心，我说这么多，你会不耐烦，心想"这人怎么这么喜欢抱怨"，觉得我不应该继续说下去。

林音：现实中，明明已经有一些声音在肯定你，喜欢你，但你大脑中好像有个过滤机制，会自动屏蔽这些积极的声音，让它们无法对你施加任何正面影响。而现在，我没有对你做任何评价，但你会在头脑的想象中构造一个虚拟的"我"，疯狂地对你进行攻击。

苏伊：对，我总是想太多，老毛病了。我很想让它停下来，但无能为力。

03 否定惯性：
如果没被爱过，就不会懂得自爱吗

林音：你总说你不爱自己，那你有被人爱过吗？

苏伊："爱"对我来说，是个非常模糊的概念。所有人都觉得，家人肯定是爱你的，他们自己也这样认为。但如果他们对我做的事，说的话，是爱的话，为什么我感受不到幸福和支持呢？爱难道不是一种美好的存在吗？所以对于爱的感觉，我始终非常矛盾。

林音：什么样的行为和话语让你产生了这种内心的矛盾？

苏伊：我很想相信我没那么糟糕，相信别人是真的认可我，但我无法强迫自己去相信。大概是因为我从小得到的负面反馈太多了，我的家人总是对我不满意，喜欢挑毛病，好像我做什么都不对。

林音：你的意思是，因为你的家人对你不满意，所以你觉得自己很糟糕。是什么样的评价和指责，让你产生了这样强烈的自我厌恶和怀疑？

苏伊：你经历过一直被否定的人生吗？从小到大，不管什么事，还没搞清楚缘由，对方会先否定和指责。即便很小的一件事，比如，牙膏盖子没盖紧，不小心弄脏了沙发，这样的小事都会被严厉地批评。

在我看来，小到可以忽略不计的事，他们都可以上纲上线到"你怎么这么没用""这种小事都做不好，你以后能做好什么"之类的话。否定，否定，无论做什么，永远都是否定。

林音： 这些事情是几乎每个人都会犯的小错误，为什么要上纲上线，转变为对一个人的强烈攻击呢？

苏伊： 在他们的想法中，对我严格要求是为了培养我好的习惯，为了我好。有时候我也想不通，我觉得自己没什么错，但别人总这么说，我就会怀疑，是不是我真的太差劲了。

林音： 如果一个人被否定太多次，他的自我就会在这种否定中慢慢支离破碎，让他产生动摇，开始认为是自己的问题。这种错误的"自我归因"不断叠加，演变成自我归罪，最后成了"自我PUA"。自我PUA其实是将别人曾对我们的方式内在化，变成我们自己对自己的方式。所以一旦生活遭遇任何一点挫折，你就开始习惯性地自我攻击。

苏伊： 有一些事情，的确对我影响巨大，我到现在都记得。初中的时候，有段时间家里人吵架较多，我心情低落，成绩下滑很厉害。我觉得都是我让家里的气氛变得不好，于是逼迫自己更加努力学习。期中考试连最差的数学都考了110分，我觉得这下大家肯定就会开心了。本以为回家后会得到表扬，但我没想到，我爸边看电视边瞄了一眼说："是不是卷子太简单了，大家都考得好，这有什么好开心的！"我说没有。我妈在旁边做饭，开玩笑地说："哎，你怎么突然考这么好，不会是抄的吧。"虽然她是以一种开玩笑的语气说的，但我整个人都蒙掉了。回想起回家时兴高采烈的样子，感觉自己像个傻子。那种感觉说不出来，心里好像有个什么东西，瞬间崩塌了，碎掉了。

林音：也许是你对他人的信任崩塌了。从那一刻起，你开始对他人失望，以至于现在你不再相信别人对你的好，对你的认可。不管谁善意地对待你，你都不信任对方。因为你无法预测下一秒，他们会对你做什么，说什么。你害怕他们有一天也会伤害你，就像你父母无意中做的那样。

苏伊：是的。这件事让我很伤心，因此一直记得。有次家庭聚会讲起小时候的事，我说起，"你们当时还说卷子太简单，还怀疑我抄袭呢"。他们不觉得自己有问题，还说我小肚鸡肠，"一点小事你怎么记那么久啊""不表扬你，都是为了让你不骄傲，激励你考得更好"。但这种方式非但没有激励到我，还让我自卑了好久。

林音：其实，一个人"自我 PUA"的原因之一，或是因为他从小被别人有意或无意 PUA 过。你本来没那么讨厌自己，但当对方自以为打击你是为你好，利用权威感和关心你的名义踩踏你的自尊，告诉你"这件事情就是这样""你就是这样的人""这就是你的错"，长期下来，这种声音内化到心里，你最终会认同这些片面的看法。即使长大后，你看似独立了，身体上、距离上、经济上脱离了家庭，但精神上还是存在一个"内在父母"，驱使你按照小时候父母严格要求你的那样，去严格要求自己，甚至攻击自己。

苏伊：的确。这些年，我对自己的激励方式就是疯狂自我打击，甚至羞辱。我希望通过这样的方式，获得前进的动力。做得越不好，我越会骂自己，越骂自己，越觉得自己糟糕，陷入了一个无可救药的死循环。即使后来我离开家，上大学，工作，还是延续着这个习惯。

因为自我厌恶的缘故，人生有很多难得的机遇，我都直接放弃了。遇到一些不错的人，也会因为否定自己，从而无法建立稳定的关系。一次次错过，以至于现在十分后悔。对我来说，我和我自己的关系，始终就是一个心结，是难以解决的难题。

林音：很难想象，你从小面对那么多攻击和误解，是如何走到现在的，你做得已经很好了。"自我 PUA"最让人难过的一点在于，一个人本没有那么糟糕，有属于自己的优点和天赋，有后天改变的能力，却因为强烈的否定和怀疑耗尽心理能量，发挥不出他本身的优势，也缺乏自信和勇气去突破障碍。因此，他不能做他想做的事情，去他想去的地方，过他想过的生活，这样实在太可惜了。

04 脆弱的地基：
为什么有的人越挫越勇，有的人则不堪一击

苏伊：我一直有个疑问。我发现世界上有两种人，一种是面对失败非常坦然，越挫越勇。他们虽然会难过一阵，但很快就能恢复。就像皮球的充气筒一样，能马上给自己加油打气。我有个朋友就是这样。还有一种就是我这种类型：一旦一件事没做好，一次考试没考好，一份任务没完成好，就会立刻心理崩溃；之后要花好久的时间来恢复心情，说服自己再去挑战，这时已丧失良机。

林音：你在面对一件事没做好的时候，第一反应是什么？而你的朋友的第一反应又是什么呢？

苏伊：面对同样的失败，我的朋友总是跟我想的不一样。我的第一反应是：算了，我果然做不好，我就是这么差劲，为什么要自讨苦

吃。而她的第一反应是：我这次失败了，还有下一次，我要怎么改善，下一次要怎么赢。我在想，到底是什么原因，让我们面对挫败有如此大的差距呢？

林音： 我想，人的心理惯性有情绪的正循环和负循环两种，这两种人面对失败和困境时的第一反应完全不同。正循环的人是"自我鼓励式"的。面对失败，他们倾向于合理归因。不会完全认为是自己的错，也不会不负责任地归责于他人和外界，也拥有给自己做心理建设，抚慰自己的能力。所以，他们的情绪在自我激励中变得越来越正向，正面的情绪又促进他们发挥得更好。

负循环的人则是"自我打击式"的。他们面对失败倾向于片面的内归因，对自己吹毛求疵，在自己身上找问题。与正循环的人内归因不同的是，他们在内归因之后，没有力量去总结经验，改变自己，而是陷入重度自责，自责到失去行动力，最后情绪更加崩溃，很可能导致下一轮的失败。然后，他们就彻底沦为"面对任何事情，我都无能为力"的人。

苏伊： 我就是那种一被打击后，就很难再爬起来的负循环的人。我也会给自己做心理建设，但每次都不太成功。我说服不了自己，这不是我的问题，我也无法让自己相信，下次我会变得更好，我还有机会。我的内心总是这么不坚定，飘荡，没有重心，没有支撑。

林音： "没有重心"，是没有根的感觉吗？像在空中飘动的气球，或者水上的浮萍？

苏伊： 对。是一种深深的无力感、漂泊感和恐惧感。

林音： 这可能跟你内在的安全感不足有关。一个人的成长过程，就像建造一栋房子一样。如果一个人是一座房子，那么基础的安全感就是地基。假如一个人小时候的安全感和爱的需要没有被满足，没有得到父母良好的情感支持和照顾，被忽视、疏离、打击，形成了回避型或矛盾型依恋，那么他的地基就是"豆腐渣工程"。一个地基不稳的人，自然抵挡不了风雨。

加上在长大的过程中，身边人的教养方式不健康，用高压、控制或者冷漠疏离的方式教育孩子，会导致孩子和父母等重要他人之间的亲密联结不够。面对复杂的环境，遭遇一些创伤事件，那么本身就不坚固的"豆腐渣工程"就会摇摇欲坠。这种不断摇晃的感觉，应该就是你心理上体验的"漂泊感"和"无根感"。面对失败，等于你的地基遭遇外界风浪的攻击，自然会一击就倒，心理防线崩溃。

苏伊： 我很小的时候，是跟着爷爷奶奶长大的。父母工作较忙，很少能见到他们。虽然爷爷奶奶对我不错，但我总觉得缺少了什么。到了9岁多，我跟父母相处的时间才变多，但也没有太多内心层面实质性的交流。他们也几乎没有拥抱过我。即使过年，好像也是各过各的，每个人都有自己的事情要忙，我总是很羡慕同学家庭里的热闹和欢笑。

林音： 你觉得，你对他们有依赖和亲密的感觉吗？

苏伊： 我想依赖他们，想和他们亲密起来，但十分困难。每次当我跟他们倾诉生活中的问题时，因为观念的不同，他们总是觉得我不对，会严厉批评我。有一些困难的时候，我想依靠他们，但又害怕得不到支持，所以都选择一个人承担。我体会不到父母和孩子之间那种特别亲密的感觉，时常觉得孤独。

林音： 所以你总是觉得，你背后没有支撑。

苏伊： 对。人们总说，"我不怕，因为我背后有人"。这就是一个人的底气吧。我害怕，是因为我觉得没有人站在我身后，支撑着我。

林音： 没有足够的安全感，是很多心理问题的根源。孩子幼年时，父母，特别是与母亲的长期分离（某些情况下，其他人的悉心照顾可以代替母亲的位置），早期严重而持久的孤立，会对他的心理造成巨大的、很难挽回的负面影响，这种影响终生存在。罗马皇帝腓特烈二世做过一个残酷的实验，他将很多刚出生的婴儿从父母身边带走，集中在一起，由护工专门喂养。这期间，护工只给这些孩子充足的食物，没有任何情感互动。结果，这些婴儿大多死掉，或者出现一些精神疾病。

斯皮茨在《医院制度》一书里，记录了他在育婴堂观察到的残酷现象："那些仅仅获得食物给养的弃婴，由于没能获得养育者的触摸和情感互动，会变得异常安静、孤僻和忧郁，很多婴儿不到一周岁就死亡了，一部分婴儿虽然活了下来，但难以像正常孩子那样发育，甚至不能坐、立和交谈。"而主张"要把孩子当作机器一样训练和塑造"的行为主义心理学家华生在自家孩子身上贯彻了自己的理念："不要亲吻和拥抱孩子""不要轻易地满足孩子""母亲不能和孩子过度亲密，过度亲密会阻碍孩子的成长"。结果呢？他三个孩子几乎全得了抑郁症。大儿子年幼时自杀身亡，二女儿多次自杀未遂，小儿子一直在外流浪，靠他的施舍才能生活。

苏伊： 看来一个人早年是否被很好地照顾，得到足够的情感支持和陪伴太重要了。

林音：是的。在我看来，没有包含基础安全感的爱，甚至不叫爱，有时反而是巨大的伤害。

苏伊：因为我的安全感不足，地基不稳，总是很恐惧和害怕外面的风雨，所以一点点小的失败或挑战，对我来说就像天大的事情一样。我总是人为地给自己制造恐慌和麻烦，并对自己发起攻击。

林音：长期缺乏积极回应，安全感过低的人，内心容易产生两种情绪。第一，绝望。他们认为自己很糟糕，没人会爱自己，自己的存在没有意义，不断地自我攻击。第二，仇恨。他们觉得都是别人的错，都是别人让自己痛苦，想毁了整个世界。所以，严重缺爱的人，有两个极端倾向，要么毁灭自己，要么毁灭世界。而"自我PUA"的人就属于第一种。因为过于痛苦或恐惧，他们有时甚至会产生一种精神自虐式的自毁倾向。本来事情没那么糟糕，可他们却要把现状变得更糟糕，更让人难以忍受，仿佛是要以摧毁自己的方式，来结束这种内部的"战争"和旷日持久的挣扎。

苏伊：有时候，人是因为看不到希望，所以才想自我毁灭。一个人如果连地基都不稳，他要如何变得强大呢？要重新建造一个房子吗？哪里来的材料呢？还是只加固原来的地基呢？过了这么多年，还有可能做到吗？

林音：也许，还有第三种方法。

05 自爱的转折点：
不是你的错，就不要承担

林音： 幼小时期的经历，特别是安全感的缺失对自我的影响，要靠很长时间的专业疗愈才能清除，但我们能做的很重要的一点是——成为自己的自我训练师。通过不断的认知和行为训练，克服"自我PUA"的心理惯性，就像人锻炼肌肉一样。但这需要付出极大的勇气和毅力。

苏伊： 你的意思是，我们的自我因为安全感的缺失而不够强大，心理容易崩溃，但可以自己通过训练变得强大吗？要怎么样才可以做到？

林音： 曾经，我也是一个非常喜欢自我攻击，长期对自己不满的人。我改变的转折点开始于我发现我并不是别人口中那么糟糕的人。从那一刻起，我开始反思自己对自己的态度是否过于负面，并鼓起勇气第一次对别人对我的无端指责进行了反击。

苏伊： 是什么样的契机，让你意识到你不是一个糟糕的人？

林音： 上学的时候，大部分老师都比较和善，但很不幸，我遇到了一个总是针对我的老师，他对我的评价一直非常负面。明明不是我的问题，也会找我的麻烦。那时我被安排去辅助老师处理一些行政工作。因为别人的不配合，一个任务完成得稍晚一点，他就当着办公室所有人的面骂我"你脑子是不是不好使，像你这样蠢，做事又不认真的人，以后什么都做不好"。很长一段时间都是这样。现在想来，这就是一种形式的"日常PUA"吧。这种长期的攻击，让我总是觉得自己抬不起头来，觉得自己很差劲。

苏伊： 我从小到大时常面对这种情况。我想反驳，但又没有勇气。

林音： 小时候的我，也是一个能忍则忍的人。刚开始，我像以前一样忍受，因为我似乎已经习惯了别人对我的负面评价。直到有一天，新转来一个语文老师，他很欣赏我，总是当着全班同学的面表扬我写的作文，给我奖励，让我受宠若惊。他很疑惑，为什么我总是表现得很不自信，我告诉他，我觉得自己什么都做不好。他满脸震惊："怎么可能，你是我遇到的最有灵气最努力的孩子，我很欣赏你的才华和天赋。"那一刻，我发现，不同的人对于同一个人，竟然会给出截然相反的评价，我的自我认知开始产生动摇。原来，我并非一定是某个老师口中所说的"蠢的，不认真的人"，反而在某些方面非常突出，很有天赋。

苏伊： 我也有过这种时候。我一直自认是一个脾气差的人，因为家人总是这么说。但有一次我的朋友说，你是我见过最温柔的人。我才发现，原来我在不同的人面前，不同的环境里，表现是完全不一样的。也许，只有在我发自内心感到舒服和安全时，我会展现出真实的自我，不会带刺。所以很多时候，别人对我们的评价，可能跟评价者自己有关。

林音： 是的。当对我的两种截然相反的看法摆在我面前时，长期以来我对自己的负面看法开始松动，我自以为是个"无比糟糕的人"的想法开始站不住脚了。这时，我的内在分裂出两个自己：一个觉得，骂我的老师肯定有他的道理，我的确不如别人；另外一个我，是从内心深处走出来的一个新的，对他人的过度攻击感到无比悲愤的我。她在内心大喊道：我不是你认为的这种人！犯了错误可以批评，但这不意味着你可以评判我是一个蠢的人，甚至预判我的未来毫无希望。那时，我意识到，也许错的人不是我，而是带有偏见和有色眼镜的"他"。

然后，我学会了在这样被攻击的关键时刻，一次又一次保护好自己的自尊。从此之后，我开始有意识地不再全盘接受他人对我的评价或攻击，第二次，第三次……更多次的自我保护和反击之后，我的自我渐渐强大，地基变得牢固，我对我自己的感觉也转变了，从厌恶慢慢变成了喜欢和欣赏。

苏伊： 我一直觉得，别人这么说，肯定是因为我有问题。但仔细想来，那个一直攻击我的人，又有几分了解我呢？他是否也戴着有色眼镜在看我？

林音： 这种"自我认知的动摇"就是一个新的开始。当我意识到，我不是那个某些人口中一无是处的人，我开始看到自己的闪光点时，我不再盲目苛责自己，反而是心疼自己的遭遇，我为什么要一直被这么对待？我需要站起来，将那些刺向我的利剑都挡于心门之外，甚至反弹给对方。所以第一次，我对那位老师反驳道："我不是你所说的那种人，我做很多事都非常认真，非常努力。你可以说我在这件事情上做得不够好，你不够满意。但你没有资格定义我是一个很蠢且不认真的人。"

这是第一次，绝对的第一次，我非常明确地、清晰地、笃定地去反击一个权威人物对我不理性、不客观、带着滤镜和情绪的评价。**那一刻，我和我自己站在了一起。第一次，我感觉到了自己对自己的保护欲，自己对自己的爱。** 这是一种十分奇妙的感觉。而那个一直指责我的人，从此也闭嘴了。即使后来他还会时不时说几句，但也无法影响到我对自己的认知，不会让我自我攻击了。因为，我的自我已经变强了。

苏伊：我羡慕和敬佩这样的人。如果当时我没有全盘接受那些对我的攻击，勇敢地反击，也许现在，我也不会这么"PUA"自己了，我的人生之路也会变得不一样吧。

林音："你不是你认为的那个人。"当你意识到对方夹带私货时，必须学会反击。因为如果总是认同那些对你的攻击，你内在的愤怒不能向外释放，就会潜抑到内心深处，要么抑郁，要么爆发。每次你遭遇到挫折，自我就会崩溃，会把自己踩在脚底，打击自己：我就是个垃圾，我一事无成。如此恶性循环下去，就陷入了"自我 PUA"的怪圈之中。

苏伊：如果我反击了，他还是一意孤行呢？

林音：这也没关系。即使你无法反击，或者反击无效，只要你在内心坚定地不认同那些对你不公平，带有滤镜的评价，起码你不会被改变，陷入"自我 PUA"的怪圈。

06 偏见的真相：
大部分人对你的评价，与你无关

苏伊：我总是在思考一个问题，如果这一切不是我的错，我没有他们说的那么糟糕，为什么我总是那个遭受指责的人？一个人是出于什么样的心理，习惯性地评价和指责他人呢？

林音：我们得接受一个残酷的现实：人性就是如此。一些人在人格、性格层面有些许缺陷，导致他们总是以攻击他人的方式，来获取优越感和存在感。可能连他们自己都没有意识到，自己在做什么。又或者，一些复杂的经历和生活的现实，让他养成了攻击他人的性格和习惯。即使是本应最爱你的父母，也可能存在某些心理方面的缺陷或内心有未处理好的创伤，未完成的愿望。这些缺陷并不会因为一个人成了父母，就轻易有所改变。所以父母这项重要的职业，是必须经过一定的培训和教育，进行自我反思和提升才能上岗的。

苏伊：什么样的经历和缺陷，会让一个人总对他人进行负面评价和攻击呢？

林音：我始终认为，**一个不爱自己的人，也不会真正爱别人。一个不认可自己的人，也很难发自内心认可他人，总是只看得到别人不好的地方。**你知道吗？心理学里有个非常重要的词叫"投射"。是一个人在认知和对他人形成印象时，会根据他自己的需要，把自己的感情、意志、内在特性投射到他人身上，把自己的想法强加于人，以为他人也具备与自己相似的特性的现象。

其中，"否认投射"有一种特殊的含义。它是指有的人自己有某种负面的念头或某种恶习，但他会反向指责别人有这种念头或恶习；或者把自己所不能接受的性格、特征、态度、意念和欲望转移到别人身上，指责别人性格的恶劣，批评别人态度和意念不当。这是一种自我保护和防御的机制，目的是减少内在的焦虑和痛苦。投射太多的人，非但自己很难积极，施加在他人身上的消极影响也巨大。

苏伊：也就是说，明明是他自己有负面想法，他会以己度人，认为你有这个想法。或者他有这个缺点，但不想面对承认，就投射到他人身上，攻击别人是这样的。

林音：是的。自我觉知和共情力不够的人很难为别人着想，只顾自私地向外投射。所以，**他是怎么想的，就会觉得别人是怎么想的。他是什么样的人，就会看到什么。**因此，他看不到真正的你，全部的你。看不到你的优点，只看得到你的缺点。**反过来，他怎么说你，其实是在说自己。**

苏伊：我最常被说的一句话就是：你怎么什么事都做不好，你真是一无是处。但仔细想想，我也有做得好的事情。很多时候，这种攻击也是对方的投射吧。

林音：有人说你一无是处，很可能他也是这样看待自己的。他没办法接受自己是这样的人，为了降低自我厌恶的程度，就转而去攻击别人；有人说你情商低，很可能他的成长过程中被这样评价过，他无法接纳自己的过去，而变得尤为敏感。以至于一有机会，就要攻击别人，来缓解自己内心曾被这样攻击的伤害。虽然不是所有情况都是如此，但投射是极为常见的一种可能性。投射无处不在。

苏伊：这样看来，我们没必要轻易在意他人的想法和评价，说不定他们是自己的原因。

林音：其实，他人对你的想法和评价，大多与你无关。只要你彻底理解这句话，你就没那么在意别人的看法和评价了。**很多情况下，别人对你的评价和指责并不能代表真实的，全部的你，只是他内心的一部分投射而已。**我们要学会区分和辨认别人口中自己的这些缺点，是真正存在的缺点，还是别人投射到我们身上的他们自己无法承受的东西，这样才能客观地看待自己，不会再走入"自我PUA"的怪圈。

苏伊：这让我想起麦基在《可怕的错觉》中说的关于偏见的真相：

当一个人内心充满某种情绪时，心里就会带上强烈的个人偏好暗示，继而会导致主体从客体中去佐证。"喜欢某个人或事物的时候，我们的心灵会让自己在现实中搜寻印证，然后再用这些似是而非的印证，来佐证自己的心理预期，最终形成一种'真是如此'的心理定式。一个人若是愤怒、仇恨或是怀疑时，我们又会不断寻找材料来强化自己的臆想，在近乎愤怒、仇恨的情绪里，让暂时压抑的情绪感得以宣泄。"**也就是说，我们看待别人的方式，很多都是源于自己的偏好，并且不断验证自己的偏好，而不是真实的求证。**

林音：没错。偏见，就是一种自我佐证的心理定式。人痛苦的根源就在于，我们会轻易认同他人对自己的偏见。当一个人怀抱着恶意，或者无法自我接纳时，就会以一种极为狭隘有限的眼光看待他人和世界，他的理解就必然是扭曲的。所以千万不要轻易认同任何人对自己的评价，没必要在意任何带有偏见的眼光。**因为一个不喜欢你的人，会找各种理由来讨厌你；而一个喜欢你的人，也会找各种理由来喜欢你。**

苏伊：如果那个人给予的是真诚的评价，我们也应该聆听，这样才能看到自己的盲区吧。

林音：如果是一个自我接纳，心理健康，能够客观评价他人的人提出的中肯、相对客观的意见，我们应该去聆听，对自己的缺点加以重视改正，但如果是别人的投射，**我们要试着把属于别人的问题还给别人，不要为别人的错误负责，也不要因此而自我否定，即使这个人是你的父母、老师、朋友、爱人。**

07 投射性指责：
那些指责你的人，可能是在逃避责任

苏伊：我发现，很多情况下，一个人指责另一个人的时候，都是他们自己工作不顺，或遇到不开心的事的时候。小时候放学回家，我会看到父亲对我露出非常不满的很凶的眼神，我以前以为是我做错了什么，后来才知道，是因为他工作不顺，心情糟糕，内心积累太多负面情绪又无处发泄，我恰好做错一点事撞到枪口上，那个怒火一点就燃了。所以那个不满的眼神或许不是针对我的。还有我以前公司的上司，本来是个性格温和的人，有段时间十分喜欢发火，动不动就指责员工，后来我才了解，那段时间她在闹离婚。所以很多情况下，别人对另一个人的指责或不友善，并非完全因为对方，是他自己不会处理情绪。

林音：这就是一种经典的"负面情绪转移"，生活中十分常见。当一个人内心不够强大，无法应对生活中的矛盾引发的负面情绪，想逃避自己的过错和责任时，就会选择把内心的压力转移到较为弱势的人身上。例如亲子关系。我见过一些被过度指责的孩子，他们自身没有太大问题，而是大人无法控制情绪，使用一些辱骂性语言，向孩子发泄怒火"你要是听话一点，我就不会这么烦了"。作为弱势一方的孩子大多默默承担，无意识地相信对方的话，认为一切都是自己的错：因为我，父母才吵架；因为我，他们才不开心。所以孩子会说：我会表现得好好的，我考很好的学校，我会听话，你们就不会吵架了吧。实际上呢？

苏伊："我会听话的，你们不要再吵了"，这也是我说过的话。

林音：他不明白，这根本就不是他的错，他顶多只是家庭矛盾的其中一个原因而已。真正让父母争吵，让家庭四分五裂的，是他们自己。但这样毫无理由地被过度指责和攻击的孩子，长大后很容易"自我 PUA"，就此开始习惯性的自责之路。

苏伊：原来如此。我感觉，人的情绪总是互相影响的，特别是在一个家庭，一个集体里。每一个情绪无常的孩子背后，大都有一对阴晴不定的父母。而一个压力巨大、濒临崩溃的员工上面，大多有个过度焦虑和抗压能力弱的上司或老板。

林音：还有一种攻击他人的情况，是"投射性指责"。一个人对某件事负有责任却不想承担，就通过指责他人，拿别人作自己的代罪羔羊，逃避自己本该面对的责任，不让自己有负罪感。家庭里，这样的事非常常见。例如，本是父母自己的错，他们却指责孩子有错。有的父母会说，"我变成这样，都是因为孩子……"夫妻吵架，明显是他自己有问题，但他不想承认，反而会对对方倒打一耙"要不是你这样，我才不会……"等。这样的表达是典型逃避责任的表现。

苏伊：在工作和社会交往中，这种"投射性指责"也很常见。一个项目没有完成好，明明是他自己的问题，他却习惯性甩锅给别人，还会反过来说你的不是，让你自责，这就是一种推卸和转移责任的巨婴行为。

林音：在我心里，一个人心理成熟的标志之一，就是他可以为自己的人生承担责任，为自己的选择承担后果。这件事，很多成年人都做不到。无法为自己的选择和人生负责的人，很容易因为无法面对现实，就转移痛苦给他人。这就是我们看到的易怒、易爆炸、情绪无常的人。

苏伊：我妈总说，"如果当时不是你外公外婆催得紧，我不会那么早结婚，我现在就不是这个样子。"我爸也会说，"如果不是当时选错了工作，以我的能力早成功了……"大概他们对自己的人生都不太满意，又不知如何改变，才会如此焦虑和痛苦。**因为对自己不满，所以也对别人不满，在抱怨的无限循环里，完全忘却了积极向前的生活态度。**而长大之后，我能理解父母一点了。人活着的确会有很多压力和烦恼，一时间难以招架，无能为力。但自己难受是一回事，因为无法应对就把压力转移和发泄给别人，却是另一回事。

林音：有些人做一件事，说一句话，也许自己都没意识到自己在做什么，说什么。他只是对不满的现实手足无措，无法应对自己复杂的内心，所以容易以身边的人作为发泄的出口，把对自己和生活的愤怒与不满，毫无顾忌地向他们爆发和转移而已。所以，我们首先需要提高觉察力，分辨对方的指责究竟出于什么原因，背后有怎样的心理机制。

当你明白他人对你的指责与你无关时，你可以适当地把自己脱离出去。同时，要加固自我边界。在面对无端指责时，我们不一定能制止对方这么做，但如果能及时发现对方是在转移自己的负面情感，在进行投射性指责，你就不必为他的错误负责，把属于他的人生责任还给他。

08 克服"自我PUA"的关键：
   建构一个内部评价体系

苏伊：如果一个人过去总是被否定，即使他知道这不完全是他的错，他不是这样的人，他开始松动，但也许很快又恢复原状了。我就是如此，反反复复。可能上一秒我被说服我可以的，下一秒就不相信了。因为那些攻击你的人，对你的影响实在太大了。如何才能在面对这些历史遗留的影响时，隔绝本能的消极冲动，保持积极的想法呢？

林音：我也经历过被否定的历程，很理解那种无法克制地攻击自己的惯性。如果是我，肯定也会被影响。因为我们周围的一切，不可避免地会影响我们。特别是小时候，父母就是你的天，你周围的人和事，就是你的全世界。他们对我们的评价会成为我们的一部分，渗透我们的血肉，浸染我们的灵魂，影响我们对生命的一切经验和感受。那些打击和否定的声音，如果不阻止，就会慢慢割裂你的自我信念，你总会感觉到某种东西缚住你前进的手脚。但，我是否会因此全然地否定和毁灭自己呢？好像也不会。

苏伊：为什么？

林音：因为"他们是他们，我是我"。这是一种根本性的**精神切割**，就是在精神上保持自我的独立，以保全自我，并把自己的人生放在第一位。

苏伊："精神切割"是指什么？

林音：在工作时，我曾遇到一个9岁的女孩。她在复杂且充满情绪暴力的环境里长大，父母经常吵架闹离婚，语言暴力也会波及她。

了解她情况的个别同学，还时不时用嘲讽中伤她。但即便如此，她的内心却保持着相对的自信和健康。我问她，你在这样的环境里长大，老是被打击，我感觉你虽难过，却并没有因此讨厌自己，讨厌世界，为什么呢？她的回答让我震惊。

她说："我肯定会难过。但他们是他们，我是我。他们这么看待我，我就一定要这么看待自己吗？不一定呀。他们吵架打架，互相讨厌……都是他们的事情。我为这个家庭尽力了，也没办法改变现实，所以现在我只要管我自己的人生就可以了。"

听到这些话的那一刻，我内心有种力量腾然升起，我很想拥抱这个孩子，不是出于同情、怜悯，而是尊重、敬佩。我意识到，**一个人要想真正地自信起来，不再 PUA 自己，一定要明白：不管是谁，不管他对你来说多么重要，都没有你自己的人生重要。只有你自己，才能为你的人生负起责任。这是一个根本性的意识转变。**

苏伊： 虽然她只有 9 岁，但她已经会坚持自我，保护自我了。而到了现在，我的情绪还会因为他人对我的评价而起伏不定。得到肯定的时候，我就没那么自卑，别人一旦对我有一点微词，我就容易崩溃。甚至没人打击我时，我也会怀疑自己。

林音： 拥有发自内心的自信，树立边界，不管对于谁，都是一个极为漫长和艰辛的过程，不要着急。即使很多成年人，也不一定能有这么好的觉察力跟自我边界感。而有些人终其一生，也未必能走出过去被疯狂攻击的影响，但千万不要放弃。一旦你开始靠近自己，慢慢喜欢上自己，你就会越来越有力量。

苏伊： 怎样才可以有一个稳定的自我，对自己有稳定积极的看法，对未来充满希望，而不总是任由别人的一张嘴，一个行为，一根一线而牵动呢？

林音： 走出"自我PUA"，最重要的一点，是建构一个属于自己的内部评价体系。人的评价体系分为内部评价体系和外部评价体系。被外部体系主导的人，一直都活在他人的评价中，活得非常累。因为他们几乎所有的自我认知都不稳定，总是在自我怀疑和努力试图相信自己之间反复横跳。内部评价体系是有自己评价自己的标准，自己对自己的优缺点及各个方面都能相对客观地评价。**我们只有建立属于自己的，真正合理的内部评价体系，并和外部评价体系之间保持平衡，才能基本保持内在的稳定，不容易被一点事情击垮，情绪崩溃，自我怀疑。**

苏伊： 原来如此。因为我长期把外部评价体系当作自己的唯一标准，所以即使改变了一点，也很容易被动摇。所以，我们一定要从内部做工作，有自己的一套相对理性和客观的准则。

林音： 建立内部自我评价体系的第一步，是重新梳理从小到大你的自我负面评价有哪些。它们具体是如何形成的，有什么关联的事件，背后究竟有多少是你自己的问题，有多少是别人的问题，有多少是主观的，多少是客观的。同时，列出这些年别人和你自己对你的正面评价，将正面评价和负面评价并列，对照着澄清，最后达到对自己的最接近客观的评价。你会发现，你会像一个陌生人一样，重新认识自己，得出一个更加立体的、完整的、真实的你。

苏伊： 我从未系统性地认真想过，自己究竟是一个什么样的人，在不同的人眼中，是一个什么样的角色。从小，好像就只有一种声音入过大脑：你是胆小的，不聪明的，不认真的，敏感的，脆弱的，连一点小事都做不好的……但其他人对我的正面评价——有灵性、有才华、善良、温柔、有同理心等，都被我内心的猛兽吞没了。我只是一味沉浸于过去一些人对我的打击，一直在自我消耗。而从现在开始，我要尽量客观地认识自己。

林音：当你有一个相对客观的内部标准后，你要在平常的生活中训练自己，将自己的感觉细化，分清你的感觉和事实之间的区别。提醒自己，不要被外界太杂乱的声音扰乱，影响了我们对自己的认可，对事物的判断。**因为"自我PUA"的一大特点，就是一个人很喜欢在头脑中进行夸张的自我想象，分裂出不同的自我形象进行对抗，但这种想象往往与现实有着很大的差距，而这往往让人误判现实，自己也十分挫败。**比如，有时候一项工作你总做不好，你就会觉得自己是一个废物，不适合做，就放弃了；但你根本没从客观的角度分析你为什么做不好，哪个环节出了问题，就简简单单归咎于自己的无能，因此错过不少机会。

苏伊：如何细化我们对一件事情的感受呢？

林音：不断地澄清，像咨询师对来访者做的那样，你自己可以向自己澄清。当你对自己有一种极为糟糕、负面、抵触的感觉时，将你的感觉细化就意味着你要向自己澄清：你现在的感觉真的就是事实吗？这件事真的是你的责任吗？你是否有因为过去被攻击的阴影，而夸大这个挑战的难度？你是真的做不好，还是因为太恐惧自己会失败而无意识地逃避？除了放弃，你有没有其他的解决办法？

苏伊：就像昨天我又遇到了那个跟我工作有一点交集，但打招呼总是不积极不热情的同事。因为我的敏感，我一直错误地以为，她对我有什么意见才这么不热情。但我突然想了一下，也许不是我的问题呢？我私下去问了其他人，才知道她就是这样的性格，并不是针对我。

林音：是的。反复地澄清，尽量让头脑的感觉和想象最靠近，而不是远离现实，你就能更好地面对当下的问题，不陷入"自我PUA"的怪圈。这是极为关键的一步。

09 想变得更好，
反而要接受自己的局限性

苏伊：我发现，我对自己经常不满，还因为我有一种极端的完美主义倾向，一旦一件事情我做不好，有一点我不满意，我就自我攻击：你就是个垃圾，活该你挨骂。然后，我便沉溺于这种情绪损耗里，根本没力气去努力。

林音：我曾经也是个完美主义者，但我后来发现，过度追求完美，非但不能让一个人变得更完美，反而会更糟糕，就走出了这种完美主义陷阱。

苏伊：怎么说呢？

林音：人大部分的痛苦，都是来自求而不得。但现实的确充斥着很多你改变不了的东西，你自身也有诸多天然的局限性。有时候你付出了很多，尽了最大的努力，也无法达成某个愿望，这其实是很正常的事。一旦你没有求到，你身边的人，比如父母，会分成两种类型——一种是鼓励你，告诉你，你已经尽力了，下次继续努力。还有一种，就是打击你，在你已经足够自责，极度悔恨的情况下，继续在伤口上撒盐。

苏伊：很多时候，打击你的情况更多。

林音：的确。从小，很少有人告诉你，要允许自己不完美，要面对难以逾越的差距和不可改变的现实，接受自己在这个世界上天然的局限性。反过来，**大部分人都是让孩子觉得他做不到，完全是自己有问题，让他感觉，自己永远都不够好，于是慢慢变成一个一点失败都无法接受，一点瑕疵都无法忍受的完美主义者。**

苏伊："接受自己的局限性"，我从来没有这么想过，也没有人告诉过我。每一次面对失败，我想的都是"为什么我不如别人""为什么他能做到，我做不到"。

林音：我们从小接受的是"追求卓越，永争第一"的教育。追求卓越本是好事，但过度比较和竞争却会把人引向完美主义的陷阱。这个世界是辩证的，人是辩证的。黑暗与光明共存，优点与缺点并列，快乐与痛苦共生。但当我们前赴后继地成为一个又一个完美主义者，无法接受生活任何一点瑕疵，无法接受人生而不同，我们就会觉得，自己是一个无能的失败者，淹没在自怨自艾中，活得越来越没有生命力。

苏伊：以前，我做很小的事情，比如写作业，只要做错了一道题，就会被大人骂。以至于后来，我十分惧怕挑战，能不做的，都不做了。初高中很多竞赛，都是父母老师逼着我去的，不逼我到极点，我就不会跨出那一步。到现在，我做事还有这个习惯。只要自己不满意，没有准备好，觉得自己不是最好的状态，就一直拖到最后，甚至临阵脱逃。但我忘了，比起完美，"完成"这件事本身才是更重要的。

林音：过度的完美主义真的非常伤人。如果你有一件事情做得不够好，就会推理到"我什么都做不好"，形成惯性的自我否定，然后推理到"肯定是我这个人有问题"。它不停折磨你的心智，磨灭你的耐心。到最后，你永远不会对自己满意，这就变成"自我PUA"了。

苏伊：是的，而且我很容易钻牛角尖。一件事情做不好，就会死磕。我从来没想过，也许我是真的没有这个天分，不适合这样的挑战，或者选错了方式。我总是专挑那些不适合我做的，屡屡碰壁，也因此看不到自己真正的才能。再跟别人一比，就会彻底对自己失望了。

林音：你有发现吗？完美主义会让人变得很不现实，总是让人沉浸于想达到自己最好的状态，而忽略了现实的局限。并且，它会引导我们重点关注自己和别人的差距，而不是聚焦于具体的改变上。绝大部分的自我否定和内在冲突，都是源于理想自我与现实自我的巨大差距。

有时候一个人容易抑郁，是因为他内心的目标与现实生活的差距很大，又不能自洽，就陷入与自我的对立之中。一面是向往天才的无所不能的自己，一面是郁郁不得志，有瓶颈的普通人。如果这种双重身份延续太久，最终很可能会造成严重的自我分裂。

苏伊：我现在就因为无法面对现实，而不停地逃避生活。有一段时间，我特别羡慕那些有钱有颜有资源的人生赢家，无法接受人与人之间的差距那么大。我总是不停地看别人光鲜生活的视频，越看就越不想努力。比如，我有严重的容貌焦虑，一看到长得好看的人，就会攻击自己。但人的五官是无法轻易改变的，我只能沉浸在自怨自艾中，完全不在现实层面做一些努力，健身自律，反而开始自我放纵，越来越胖。但如果我学会接受自己的局限性，也许反而能够去改变。

林音：接受局限性，反而会让一个人拥有更多可能。如果一个人总是给自己过多不切实际的压力，梦想变成妄想，就会活得越来越累，越来越想逃避。所以面对完美主义引起的"自我 PUA"的唯一解药，就是要把"我必须完美"这个念头斩断。认清自己的虚妄，意识到自身的局限，只把注意力放在自己能改变的地方。如果你接受自己的有限，你就不会沉沦于自己做不到的事，不会觉得无能为力，而是会想办法努力变得更好。这样的人会更容易获得成功，最起码少了很多内在冲突，不内耗，不会心态失衡，轻易崩溃。

苏伊：所以即使困难，我也要抛弃完美的幻想，关注自己能做的事，做好自己能做的事。

林音：真正的勇者，既是不轻易妥协、不断超越的人，也是能够接受自己局限，在可能范围内做到最好的人。接受局限是一件极为痛苦的事情，因为你必须要面对自己的缺陷，面对不如别人的地方，甚至是一辈子都无法克服的障碍，但逃避现实的后果更严重。我们必须面对自己的局限性，这样你才不会在自我批评的恶性循环里一直打转。当你尽了全力还不行，也许这就不是你应该走的道路，你要学会放过你自己。记住，**人的努力是有天花板的。我们要在自己可能的人生条件下找到最优解，打好自己手上的牌，在已有的局限里创造最优的结果，就是无憾的。**

10 接纳自己不意味着不改变，反而让人更有力量去改变

苏伊：其实，每次有人鼓励我、欣赏我的时候，有一瞬间我会觉得，也许我是个不错的人，很多次我都有点相信和喜欢我自己了。但这时，我脑中又有一个声音说，你就是比别人差，你没有别人聪明，你就长这样。这个世界，就是这么现实。明明你有这么多缺点，还不改变，这不是在自欺欺人吗？

林音：对我而言，拥有很多缺点，还爱自己，并不代表着自欺欺人。

苏伊：为什么呢？

林音：因为爱自己，并非不改变自己的缺点，原地踏步，反而它会让你更加清醒地意识到，你需要去改变，如何去改变。人这种生物的存在很神奇：当我很不喜欢我自己时，就容易自暴自弃。"反正我就这样了""一辈子就这样了""我做什么都一样"。你毫无力量，何谈改变？可是当你喜欢自己，能客观评价自己，你知道自己有些缺点，但不会自我放弃时，你会更希望自己变得更好，更能将心专注于每一个能够改变的瞬间，而不是在自己过往的失败、遗憾和缺点上，因此更有心力促使自己去发生改变。

苏伊：我就是越自我否定，越觉得自己没救，破罐子破摔。本来有的一点优势，都被自己消耗完了。我的人生一直就在原地踏步，不管是工作，还是感情。

林音："自我 PUA"背后的机制就是让一个人根本不相信自己会好起来，根本不认可你这个人的存在本身。就像那些在感情里被操

控的人一样，渐渐被洗脑。而要彻底走出这一点，除了身边的人不断地鼓励和肯定外，根本的办法，就是和你自己和解。

苏伊：可是如果一个人做一件事怎么都做不好的时候，如何和自己和解呢？一个自爱的人，会怎么面对失败呢？

林音：失败的时候，我也会怀疑自己。越在意的事情，越喜欢的人，当没有好的结果时，我便会对自己失望至极。这些自我怀疑的感受都太正常了。**自信本来就是流动的，没有恒定的、永远不变的信心。但暂时的自我怀疑不会摧毁我的自我，让我自暴自弃。我看到自己的缺点时，我不是觉得"我这辈子就这样了""我没救了"，而是在"攻击"自己一番后，再继续不断地尝试。**

苏伊：这样说来，我感觉跟自己的相处，是一种平衡。要在对自己过于严厉时放过自己，在讨厌自己时安慰自己，在懒惰消沉时警醒自己，在放弃自己时拉自己一把。但不管是什么时候，都要学会和自己沟通，才能更好地面对困境。

林音：对。曾经有个女孩跟我说，"我不喜欢我自己，那是因为我什么都不顺利，工作不顺利，感情不顺利，家庭关系很糟糕，这个世界对我太不公平。如果我什么都顺利，我肯定喜欢我自己啊。"我说，你弄反了。**如果只有在你人生巅峰，顺风顺水的时候喜欢自己，这不是自爱，谁都可以做到。爱自己，恰恰是在你不顺的时候，你还能站在自己身边，你能够不放弃自己。它是世界上最拥有包容性的存在。**

真正的自爱，是把人作为一个整体去爱，爱自己的全部。你是你自己最好的战友，最好的旅伴。我们爱一个人，必然得接受他的不完美，他的局限性，他的痛苦与悲伤。孩子之于父母，情侣之于彼此，自己之于自己，都是如此。爱，无时无刻不在考验我们对人性全然的接纳。

11 最终能够拯救你自己的，只有你自己

苏伊： 小时候，我会把所有爱的希望寄托于父母，当他们否定我的时候，我会觉得自己一文不值。长大后，我又把爱和认可的希望寄托于其他的人——老师、朋友、同事、上司……但最后发现，这种寄托是非常不可靠的。即使有人喜欢我，我也会时刻担心他有一天会变心。我从来没想过，那个能认可我，挽救我，让我变得更好的最关键的人，是我自己。

林音： 在我人生最痛苦的时候，我曾深陷抑郁。每天什么都不想做，整日躺在地板上发呆，连伸手都觉得麻烦，呼吸都觉得累。别人的安慰和鼓励变成了累赘，不仅毫无用处，还徒增负担。有一天，我突然觉得我不应该这样对自己，我和自己对质：你真的想继续这样下去吗？你总是觉得自己不够好，你真的想毁灭自己吗？那些你想做的事，真的要放弃吗？在人生最低谷、最抑郁的时候，我拉了我自己一把。那时我突然体会到一种奇妙的感觉，我开始转变，我觉得自己没有一直以来认为的那么不堪，那么糟糕。在最深的人性之海里，在最艰难的时刻，我跟我自己站在一起，我拥抱着我自己。"哦？原来，这就是爱啊"——我终于领悟和体会到了自爱的感觉。那时我明白了一个道理，如果我自己都放弃自己，那谁都救不了我。

苏伊：我也经历过这样的时刻，但那个"你就是这种人"的声音再一次战胜了我，总是在别人已经对我施加攻击的时候，还不放过自己，对自己变本加厉。我没有想到，那个在我心中一直不快乐，一直被打击的孩子，需要我的拥抱，我的鼓励。我治愈它，就是治愈我自己。

林音：你会发现，在生命的很多重要时刻，真正能够站在你这一边的人，能够保护你自己的人，只有你自己。如果连你自己都不认可自己，不照顾好自己，那真的无路可走。不管是大的风浪，还是小的指责，你都无力抵挡，不管是面对不幸的灾难，还是很小的挑战，你都会溃不成军。

苏伊：我好像开始理解自爱是什么了。所谓的自爱，就是不一味地听信他人的评价，追随他人的看法，能够客观地看待自己，坚定地树立自己的边界；不是遭遇困境就自暴自弃，而是能面对自己有缺点，想办法克服障碍，激励自己变得更好；不是只在一帆风顺的时候喜欢自己，而是在遭遇逆境时不自暴自弃，善待自己，支撑自己爬出泥潭，重启人生。

林音：对。从"自我 PUA"到自爱的根本性转折就在于，你要坚定一件事：你的存在，是有价值的。不管是谁，不管他们怎么对你，不管发生什么，你都要爱自己，不要因为任何人而背弃你自己，毁掉你的一生。因为，最终能够拯救你的，只有你自己。能让你活出自我的，也只有你自己。

苏伊：也许有一天，我也会不再盲目地自我否定、怀疑和攻击，可以成为一个真正认可、喜欢自己，懂得自爱的人。

心理 锦囊

王尔德说："爱自己是终身浪漫的开始。"世上亿万人，又有多少人，是真正喜欢和认可自己的呢？

作为社会性动物，为了更好地适应社会生存，我们总是把别人的看法放在至高无上的位置，别人的评价永远比自己的认知重要，好像一旦被讨厌，就会万劫不复。越来越多的人习惯轻视、否定、折磨自己，误以为这样的方式可以促使自己进步和努力，攀登人生高峰，实际上适得其反。因为，这大大低估了自我认同的重要性。

人们的自我对抗日益加重，面对理想与现实的差距无法自洽，面对人生的困境无法自救，陷入"自我 PUA"的恶性循环之中，这样的结果，着实让人心痛。

到底是什么样的环境、教育、理念让那么多人产生自我厌恶的心理惯性？我们又该如何面对呢？

1. 拒绝一切 PUA 的行为，是重生的开始

习惯"自我 PUA"的人，大多是在被 PUA 的高压环境里长大的。

他们从小面对一套严苛的标准，没有做自己的机会，所以会习惯性悲观地揣测他人的想法，看别人的脸色行事，过于敏感多疑，容易把简单的问题复杂化、严重化。别人一个眼神，就觉得对方可能对自己有意见。带着负面滤镜看待人和事，会给现实生活带来很多麻烦，也徒增不少烦恼。

因为从小就没有做自己的权利和机会，他们没有对自己和世界的

内在稳定的评价和标准，外部的评价标准已经成为其内在精神跟思想的框架。不管他们走到哪里，都背负着这样一个心理枷锁在生活。

他们少有自己的主见，也无法坚持自己的想法，容易被别人的想法和评价牵着鼻子走。面对一些不公平的做法和评价，会理所应当地觉得，肯定是自己不够好，没有达到别人的标准，才被这样对待。为了保持内心的平衡和稳定，他们随时随地都要寻找他人的认同和肯定。他们的心像多米诺骨牌一样，轻微一碰，就全面崩塌。

有一个女孩告诉我，她才工作两年就跳槽了六七次。在一家公司，最长坚持三个月，就坚持不下去了。原因是，她总感觉内心很没有安全感。只要同事对她有一点不友好，上司对她稍微有一点意见，显露不满意的神情，她就崩溃了，觉得自己又被讨厌了。如此反复，她越来越不自信，不安全，极为痛苦，到最后干脆待在家，也不出去工作了。

实际上，别人只是正常地说话、聊天，在工作中提出一些合理要求，对她的反馈也算客观，但她却在从小到大培养的"自我PUA"的心理滤镜下，看谁都觉得对自己有意见，感觉没有立足之地。只能换环境，不停地换。所以，要走出"自我PUA"的怪圈，首先就要打破这个心理模式，从源头切断。

第一步，是对一切的PUA行为果断说不。**不管对你施加PUA行为的，是你的父母、朋友还是恋人，你都需要在语言、行为，至少是心理上拒绝，必要时进行反击。即使对方没有改变，但你在心理层面也保全了自我，树立了边界，这是非常重要的。**

第二步，不再把外部评价作为唯一的标准，你需要一个真正的依托——建立属于自己的内部评价体系，来稳定自我。你需要重新梳理从小到大他人对你的评价有哪些，具体是如何形成的，有什么关联的事件。这其中，有多少是你自己的的确确存在的缺点，有多少是别人因为各种原因投射到你身上的。同时，列出这些年别人对你的正面评价，将正面评价和负面评价并列，对照着澄清，最后得出一个对自己最接近客观、真实、完整的评价。

第三步，细化你对自己和对世界的负面感受。每一次当你意识到自己在"自我PUA"时，要细化这种自我厌恶和攻击的感觉，向自己澄清：你真的是这样的人吗？这里有多少想象的成分？你受到什么人和事件的影响，会如此看待自己？**只有摘掉对自己的"负面滤镜"，你才能正确地面对当下的问题。**

2. 将问题与人分开，才能彻底走出"自我PUA"的泥潭

我们都知道，认知可以决定一个人能走多远，而我们一生大部分的结果，基本在为自己的认知和格局买单。实际上，除了基础认知，一个人的心理状态—心理的灵活性、稳定性和弹性也会极大地影响他的人生际遇。

首先，心理状态不稳定，容易过度焦虑、躁狂和抑郁的人，很容易把事情严重化，给人贴标签。这样的人有一种"缺陷思维"，非常容易关注和夸大他人的负面情感、缺点（还不一定真的是缺点）和做得不好的地方，而忽视他身上的积极资源、优势、已有的成绩和努力。

同时，他们很容易由一件事情出发，以偏概全，盲目地，快速地，自以为是地给一个人定性。比如一个人做错了某件事，那肯定是他的本性有问题。简单地用一个词或短语概括他们的身份，比如"施害者"或"受害者"、"好学生"或"坏学生"、"问题行为者"或"学习

障碍者"、"危险分子"或"缺乏社会技能者"等。但实际上，这些概括很可能是偏颇的。

以亲子关系为例。

小时候，如果孩子稍微有偏离常态的行为，有些父母会马上跳脚。看到孩子贪玩一点，会担心孩子是不是有多动症。看到孩子喜欢一个人玩，会觉得孩子情商低，不合群，马上进行批评教育。和同学有点小摩擦，还没搞清楚事实真相，就不分青红对孩子进行打骂……总之，只要孩子发生任何小事，犯任何小错误，都喜欢给孩子贴上十分严重的标签，上纲上线到人格层面。这种把"问题等同于这个人本身"的做法，会导致我们根本性地错误认识一个人。而不幸的是，现在"把问题等同于人本身"的倾向变得越来越严重。

"把问题等同于人本身"，是后现代心理治疗面对的核心问题之一。针对这个问题，后现代心理治疗中的叙事疗法提出了"问题外化"技术：即问题是问题，你是你。你不等同于你的问题，我们应该把两者分开看待。

也就是说，如果一个人晚交作业，只能说明他在这件事上拖延，而不能定性他是个做事不认真、不主动、不积极的人；一个人在一件事上三分钟热度，不代表他就是一个虎头蛇尾，不能坚持的人；一个人这次考试没考好，不能说明他没努力，是一个好吃懒做、享乐为先的人；一个人暂时没结婚，没成家立业，不能说明他就是一个彻底的人生失败者，一个没有未来的人。

如同一千个人眼里有一千个哈姆雷特一样，一个人的行为背后的成因和解释可以有千万种。有的是社会文化的产物，有的是当下环境的影响，有的是自我认知的局限，等等。从不同角度，就会得到完全不同的答案。你如何能百分之百保证，你看到的，你感知的，你判断的，就是最靠近现实，最接近真相的答案呢？既然不能，那么我们就要更加谨慎客观，实事求是，而不是单凭刻板印象和主观偏见断案。

曾有一个案例，给我留下深刻印象。

一个8岁的男孩总喜欢砸家里的东西，窗户都被他砸坏了。父母无奈带他去看医生，医生说：你们家孩子有病。多动症，注意力缺失障碍，品性障碍……他都有，要治疗。① 父母很难接受，不希望孩子住院，转而带孩子去咨询。

心理咨询师没下任何判断，只是问男孩："你吃早餐的时候，为什么会突然砸家里的窗户呢？你对谁有什么意见吗？"孩子回答："不，我是为了保护我母亲。"咨询师愣住了，"为什么砸坏窗户，能保护你母亲呢？"孩子的回答让人震惊："你真是太笨了。因为我爸妈吵架，我爸在房间打人，我一着急就砸坏了玻璃，这样我爸就会来打我，不会在房间打我妈了。所以每次我都这样做。"后来证实，果然如男孩所说，有时父母两人会激烈争吵，父亲对母亲和其他家人有一些肢体暴力的行为。

这是一个让人悲伤的故事。一个孩子为了保护自己的母亲，阻止父母的争吵，想尽办法让自己的行为失去控制，以自己的"牺牲"转移家庭的矛盾，保护自己的母亲。但更让人遗憾的是，如果不是知道事情的原委，我们不仅不知道，一个8岁的孩子是怀着怎样的心情面

---

① 如果出现类似这些疾病的症状，要先到专业心理机构做相应诊断和检查，再综合判断。

对每天战战兢兢的生活，付出了怎样的努力去维持家庭的和谐，而且还会搞错问题的根源，给他贴上一系列"多动症""躁狂症"等有病的标签。

"未知全貌，不予置评。"

这个最简单的道理，很多人却不懂，以至于轻易地想评价谁就评价谁，想怎么评价就怎么评价；会根据一件简单的事，给人贴上各种标签，不考虑对方的感受，也不考虑现实的原因。当你把问题等同于人，肆意评价别人的时候，你自己也会陷入固化的、惯性的、片面的心理陷阱中，既害了自己，也害了别人。

如同叙事疗法"问题外化"技术强调的"人不是问题，问题才是问题"，在面对"贴标签"的问题时，我们都需要将问题与人分开，把贴上标签的人还原，让问题是问题，人是人。问题外化之后，人的内在本质会被重新看见与认可，转而有力量去解决真正的问题。

例如，把人和问题等同就是"一个孩子厌学，那么他就是坏孩子"。但当我们用"问题外化"的态度去看这个孩子，我们就会思考：到底他是不是真的"厌学"？从什么时候开始的？这个"厌学"跟什么有关？到底是不是孩子自己的问题？

永远不要太急于得出一个结论。要看一件事背后有没有别的可能性，有没有新的解读。单一的事物，单一的解释，单一的生活方式，都是灾难化的。所以对于大部分的事情，我们都要保持全然的开放，多个看问题的角度和方式，挖掘事情的本质，你就会发现，事实跟你想象的可能并不完全一样，对于现状，对于自身，你都会豁然开朗。

3. 打破重复的自我厌恶循环，叙写全新的人生故事

哲学家萨特说：人类一直是一个故事讲述者，他总是活在他自身与他人的故事中。他也总是透过这些故事来看一切的事物，并且以好像在不断重新述说这些故事的方式生活下去。可以说，故事创造一种世界观、一种人生价值。而重新书写和创造故事，也可以让我们走出"自我 PUA"的怪圈。

有一个 26 岁的女生来做咨询。

很久以来，她都觉得自己是个"家庭不幸福，不懂如何与人相处，做什么都做不好，一辈子注定就这样了"的人。在描述自己的人生过往时，她非常地绝望、无力、悲伤。但经过重新回溯自己的成长事件，对所描述的困扰或经历命名，用不同的角度诠释人生事件和问题后，她惊讶地发现了几个事实：

（1）家庭中数次大的激烈争吵的原因很复杂，父母的表现与他们自身的成长经历、家庭环境、性格缺陷有关，大多与我无关。（2）虽然年纪小，但在面对尖锐的家庭矛盾时，我会让自己努力克服恐惧，不过度慌张，不冷漠，想各种办法来调节家庭关系。（3）即使在备受打击，充满冲突的环境里长大，我也一直在努力走出原生家庭的影响，并未因此变成一个非常愤世嫉俗或者自我封闭的人，反而在对人对事上都十分为他人着想，内心仍然柔软善良，做过很多帮助他人的事。（4）虽然经常被说"什么都做不好"，但实际上我在某些方面还小有成就，别人对我的评价褒贬不一，但有非常欣赏和看好我的人。

很多年后，她才发现，改变叙事方式，用新的叙事角度看过往，

自己的生命故事会有不一样的解释，她非常震惊。那些一直困扰她的人生问题和事件的细节与诠释得以重新书写，使她摆脱内疚和自责感，不再继续影响她的自我认同，限制她今后的人生。

正如哲学家尼采所说："没有真相，只有诠释。"

当陷入"自我 PUA"怪圈后，我们要正视我们过去经历中发生的种种创伤性事件，把一直困扰你的无力、痛苦与病态的个人经历和问题作为突破口，借助咨询师或自身的细心觉察和重新建构，用不同的角度把自己的人生历史重新编排为一个更为积极、多重、真实的有力量的故事。

这一份记录可以称之为"自我叙事"，让一个人能够清楚地看到自己的生命过程。这个叙事如果成功，人就会对自己进行重新认知，生活也开始被赋予新的意义。

比如，一个离了婚的四十岁女性来咨询，说的第一句话是："我这种离婚女人是被人抛弃的，被别人看不起，我的一生就这样了。"但一段时间的咨询结束后，她说："我感觉离婚挺好的，我得到的好处比坏处多多了，而且走到今天也不完全是我的错。"这就是改变叙事带来的巨大心理转变。

透过自己那些令人感动的人生隐喻故事，能让我们改变盲目抑郁的心境，找回那些被隐藏和掩盖的生命能量，最终获得真正的自信和自我认同。

4. 致亲爱的你：请告诉孩子，做一个喜欢自己的人比什么都重要

你好，我是林音。

"我不够好"这四个字，我花了长达十几年的时间来摆脱和克服。而现在，我的确是一个能自我接纳的人了。

当然我还是会对自己有不满的地方，只是这种自卑是"健康的自卑"。它不是毁灭性的，而是促使我进步的。

作为曾经"自我 PUA"的重度患者，在和自我厌恶、否定和怀疑对抗的极为痛苦的漫长时间里，我得出了我自己所认为克服"自我 PUA"的秘诀：

第一，千万不要轻易认同，全盘接受别人对你的评价。

对自己温柔的人，才会真正对别人温柔。当一个人怀抱着恶意，以一种极为狭隘有限的眼光看待自己、他人和世界，他的理解就必然是扭曲的。所有可怕的厌恶、霸凌、侮辱、攻击……都是因为他们只愿意看到自己想看的一面。**所以我们真的没必要在意，任何一个人都会带有偏见。一个人讨厌你，会找无数理由来讨厌你；一个人喜欢你，也会找无数理由来喜欢你。**

虽然以前被否定得很多，但后来我也遇到了一些好的朋友和老师，他们对我充分地尊重、包容、理解和爱，让我开始松动，开始寻找和认同自己的价值。

我至今还记得，那位老师对我说的话："你真的不应该这样看待自己。你是个那么有才华、有想法、特别的孩子。起码对我来说，你是很珍贵的存在。"就因为这句话，我决定成为对别人来说，不一定

珍贵，但起码是温柔的、真实的、治愈性的存在。从那一刻起，我的人生得以重新书写。

而在我人生感觉失去方向的时候，有一个读者对我说："你的文字改变了我的一生。"那时我意识到，我被自己存在的缺陷蒙蔽了内心。也许你并不知道，你对于他人存在的价值和意义。

如果你的成长历程是曲折的，那么千万不要忘记在自己曾经走过的那些痛苦的岁月里，你是如何坚强地，努力地，一步一个脚印地踏过荆棘，拥抱太阳。你是多么不容易。更不要忘了，也许你心中无足轻重、糟糕不堪的自己，是某个人人生里唯一的光。

第二，即使你不完美，有诸多缺点，也不要因此自暴自弃。

人在世上都要面对一个残酷的现实是，我们是不完美的存在。无论再怎么努力，我们都有天然的局限性。但即使如此，也不要自暴自弃，要抱着一个健康的态度来面对局限。从出生到结束，只要在你可能的范围内做到最好，即使是一手烂牌，也努力打出最好的排列组合，就是对自己有一个交代。

第三，不管发生什么，别人怎么对你，请和自己站在一起。

从根本上来讲，所谓的世界爱你，恋人爱你，父母爱你，孩子爱你，这些都只是爱的辅助而已，这是在告诉你，你值得被爱，你有价值。**但爱的核心是，不管发生什么，不管这些爱你的人有没有变化，他们对你的感情有没有变化，你都会爱你自己，这才是自我认同的核心。**

所以如果你遭遇了挫折，做出了错误的选择或错失机会，不要过于自责。因为活着本就不是一件容易的事情，体谅一下那个背负责任和压力的自己，和他站在一起，你才会更有力量，不会被困难击垮。

最后，请告诉你的孩子，做一个喜欢自己的人，这比什么都重要。

爱的方式太重要了。

我们总是希望孩子成为无比优秀的个体，却忘了培养他自爱的能力，结果就是他对自己越来越不满意，永远在自我否定和怀疑的恶性循环里。而自爱，是一个人一辈子活得幸福，自我实现最重要的根基。

有时候一个人不是不爱孩子，是不知道正确的、健康的爱是什么，用控制的、高压的、指责的方式去爱，会摧毁孩子的自信。而一个孩子在幼年时期，如果没有得到足够的触摸、陪伴和玩耍，长大后往往性格内向，不合群，抗压能力差，自我价值认定低，社交能力比较弱，甚至会抑郁、自闭、自残和充满攻击性。

对一个孩子来说，没有足够的爱的滋养，的确很痛苦。但不管是谁，包括那些在成长道路上伤害你的人，不管他们怎么对你，发生什么，你都要爱你自己。不要因为任何人而毁掉你的一生。

我很喜欢日剧《非自然死亡》里的主角——三澄美琴。

她9岁时，母亲因夫妻关系不好而给家人喂下安眠药后，悄悄打开了家里的煤气。最后父母和弟弟死亡，她一人因睡在隔壁房间，侥幸逃脱。她眼睁睁看着母亲杀害父亲和弟弟然后自杀。

同事感叹："有这种经历的小孩，可能已经具备反社会人格而放弃人生了吧。"但三澄美琴却说，我最不能接受的，就是一个人因他人的残忍，就毁掉自己的人生。即使是你的父母，即使说是为你好，但这归根到底只是一种任性的故意杀人行为。

她不想让任何人再遭受和她同样的剧痛，一辈子都在寻找亲人去世的真正原因，并立志成为一名顶尖法医。她不仅把自己家的惨剧"母亲逼迫全家自杀，女儿侥幸存活"作为论文课题研究，还因母亲使用煤炭杀死全家，而成为煤炭专家。最后她进入"非自然死亡原因研究所"，解决一起起死因不明的"非自然死亡"案件。

这种把创伤变为力量"反向形成"的人生哲学，着实让我惊叹。

三澄认为，最终能救你自己的，只有自己。**当你无数次地凝视深渊，深渊也会凝视你。当你不断地把过去的阴影作为放弃人生的理由，你注定永远都被梦魇缠绕。其实，对伤害和缺陷的反向利用，才是一个人改善处境的动力之源。**

如果你天性愚笨，就努力让自己变聪明；如果你内心自卑，就去研究利用自卑；如果你被人伤害，就利用这伤害，使自己无坚不摧。你会发现，人面对伤害的最高境界，是死磕它，研究它，最后踩着它，让它为自己所用，为自己而生。最终，我们都会站在自己的伤口之上，反向创造出更好的人生。

日本著名演员天海佑希在一场见面会上被粉丝激动地表白："你是我的偶像，我爱你。"天海佑希回答说："请你像为我应援一样，为你自己应援吧。你应该是你自己的偶像。"

不管在什么样的家庭出生，不管遭受什么样的境遇，不管面对怎样的评价和打击，不管别人爱不爱你，你都可以成为你自己的最佳队友，做自己的偶像，为你自己应援。

第3章

空心人生

做了 30 多年的"行尸走肉"，
我终于找到了人生的意义

> 一个人要想真正地自信起来，不再'自我 PUA'，一定要明白：不管是谁，不管他对你来说多么重要，都没有你自己的人生重要。只有你自己，才能为你的人生负起责任。这是一个根本性的意识转变。

01 间歇性心无力：
　　被倦怠感毁掉的人生

"你知道吗？有一种鸟是关不住的。有的人注定会走上属于他的那条路。"35岁的落岩对我说。

这句话，是电影《肖申克的救赎》里的瑞德在男主角安迪越狱后说的台词："有一种鸟是关不住的，因为它们的每一片羽毛都闪耀着自由的光辉，即使世界上最黑暗的牢狱，也无法长久地将他围困。"

这时的落岩也已下定决心离开他看似光辉的人生，踏上新的路途，追寻内心的自由。

三年前，他在一家公司做高级研发工程师，工资待遇很高，在业内小有名气。但每次见到他，他都穿着周正的衬衫，脸色尽显疲惫，仿佛是被生活消耗殆尽的灵魂在发出无奈的叹息。

他说，"我会突然之间不知道为了什么而起床。无论做任何事，都没法让自己心情澎湃。每天内心空洞，没有任何目标，像个行尸走肉一样。"

这种空心的人生让他十分痛苦。他的状态越来越差，变得狂躁、焦虑，有时又无力到极点，感觉自己什么也做不了。

那时，他最大的梦想是消失。他并非向往自杀或人间蒸发，只是想改变身份，在别处创造自己的世界。他希望以前的一切都与他无关。

"我像个行尸走肉。"我常听到这样的形容，有这样状态的年轻人很多。现代人的意义缺失，已然变成一种时代症。人们最大的感觉就是倦怠——这种来自内心深处的无力感，比任何乏味都显得难以忍受。

一个人平时看上去好好的，能正常面对工作和生活中的压力，但不经意的一瞬间，他就会突然觉得，"什么都不想做""一切都没有意义""做什么都一样"……这是一种"不知如何是好"的感觉。跟一般心境低落不同的是，它的持续时间不长，但十分突然。比起抑郁包含的各种情绪和症状，它更偏向于一种内心没有目标的迷茫，没有意义的无力感。

我给这种状态取名为——**间歇性心无力**。

作为一个人，虽然我们的存在对整个宇宙来说微乎其微，但对于我们个体而言却是重要的存在。如果一个活生生的生命，不知道自己为什么存在，没有想去实现的目标，像机器人一样，数值被调好，功能被设置，我很难想象，这个人会散发出怎样的气息。

在每天那些微小的生活细节里，无力感就像肉眼看不见的病毒，侵入人的工作、生活，腐蚀人的心灵。最后，心慢慢被吃空，只留下一具死气沉沉的躯壳。

幸运的是，落岩并没有就此沉沦。

一年后，他给父母留下自己十多年来攒下的一半积蓄，拿着另一半积蓄，终于做到了"消失"。这两年，他带着相机，和朋友一起在世界各地不断行走和探索，用文字和视频记录不同地域、不同文化之中人们的生活图景，特别是一些贫困地区的状况，分享给世界。他还把自己获得的部分收入，捐给曾经造访过的偏远地区的学校和老人、儿童。而有将近半年的时间里，他都在西部地区的城镇待着，和那里的孩子一起生活，给他们上课，跟他们聊人生。

这样的生活，和他以前被人羡慕的人生，以及大城市的繁华精彩再不相干。但他说，他空洞的心，开始慢慢被填上了。

迷茫半生，他终于找到了自己的人生坐标，明白自己为何而活。"这只是一个开始，之后我还会继续行走和找寻。"他相信，对有一种人来说，不管走过多少被安排好的路，他们最后都会回头，回到那条自己魂牵梦绕的路上。因为寻找自我，是他们的宿命。

这一次，我终于在他眼里看到了光。

我和落岩的对话跨越长达三年的时光，关于自我，关于意义，关于"间歇性心无力"。我们在对话中一步步走出心灵的藩篱，找寻那个被丢弃已久的真实、平和、喜悦的自我。回溯过往，直面现实，走出空洞，重获新生。

02 "过劳"的快生活，只剩下空洞

林音：我还记得，三年前你对我描述的那种感觉："找不到任何

目标，不知为何而活。像行尸走肉一样，只剩一具躯壳。"

落岩：对，这种感觉已经好几年了。我无法从工作和生活中体会到意义与满足感，对一切都失去兴趣，好像心里有一个洞一样，丢进去任何东西，都没有回应。

林音：你什么时候有这种感觉的？

落岩：有一段时间我不停工作，连轴转了大概一周后，我从电脑前抬起头，有一瞬间，感到灵魂脱离了身体。我问我自己：你现在做的这些，是为了什么？如果是为了更好的生活，为了幸福，那你现在幸福了吗？好像也没有。**我感觉自己像个不断劳作的无头苍蝇，所有的行为、想法，度过的每一分、每一秒都与自己无关，内心有一种深深的无力感，让我崩溃。**

林音：你想过，自己为什么有这么深的无力感吗？

落岩：首先，跟我的生活节奏息息相关。**现在不论什么都求快，快到你没有办法认真做一件事情，无法静心体会一个过程，更别提仔细去了解一个人，和他聊天……**真正让我觉醒的一瞬间，是三年前的一天，我在小区散步。走着走着，无意中发现有一条小径，通向一个小花园。我在这个小区生活了7年，竟然从没注意到。我从没有认真观察过小区里的设施摆设，花草树木，更不要说认识身边的邻居了。这些年，我都是这么忙过来的。回望自己的人生，翻翻为数不多的日记，我感到我过往的人生毫无意义，感觉活在梦里，白过了这么多年。

林音："感觉活在梦里"，可能是因为过度忙碌和心理紧张让我们内心产生了一种弥散性的焦虑。当人以歇斯底里的状态投入工作和生产，每日暴露在赤裸的目标刺激下时，就会感觉时间稍纵即逝，十分短暂，也记不住太多的事情。

落岩： 对。我几乎不记得我每天是怎么过的，就这么过去了。长此以往，就感觉到倦怠。

林音： 这是一个高度商品化的社会，我们生命的绝大部分时刻也被商品化了。为了获取更多的物质和生存资料，我们的工作和劳动节奏被不断加速再加速，个人的生活时间被压缩，心理空间更加逼仄，直到极限。于是，一种厌世的、想摧毁一切的倦怠感就此产生。**这种倦怠，并不是一个人没有能力去做某件事，而是因为生活节奏太快，空间太小，根本没心情，没时间去感受生活，感受快乐。**

落岩： 我从小就是这样不断追逐目标，没有停止过。小时候是"669"，早上6点前起来，一周至少学习6天，晚上9点以后才做完作业，有时甚至要到凌晨。长大后是"996"，"996"还算好的，很多时候加班，加到让你忘记今天是星期几。那时候，我感觉自己像一条拉磨的驴，十几年原地打转。所有人都觉得开心，除了驴。

林音： 因为这种努力是盲目的。我也经历过这样的感受，被逼着走得很快，却忘了为什么出发，没有实践自己的想法。旋转加速的疯狂竞争造成了自我的瓦解和空虚。人们的精力枯竭，内心空洞，便是这种绝对化竞争和盲目追逐目标的后果。

落岩： 所以我开始反思：为什么一个人不能有自己的生活节奏？为什么所有人都要走在一条路上拼命往前冲，比速度？为什么所有人要固定在同样的位置，按照同样的方式生活和前进？这样，一个人真的会过得更好吗？我们稀里糊涂地过了大半辈子，最后连生命力都没有了，又何谈幸福呢？

林音： 这就是你离开之前的"让人羡慕的生活"的原因吗？

落岩： 是非常重要的原因之一。有一天，当我彻底受不了这种像赶羊般的生活时，我产生了一种莫名其妙的叛逆心理。所有人都要快，快，快！我偏要慢，慢，慢！大家都要前进，我偏要后退！我要慢到能感受到时间的流逝，慢到我有心思去想想我未来的人生。我要看看这种在别人眼中不求进取，不断"倒退"的人生会变成什么样，是否一定像他们说的那样糟糕。

03 人生没有绝对的落后，要找到自己的节奏

林音： 你以前一直在向前冲，从小到大都是如此。那时候不敢停下来的原因是什么？

落岩： 害怕被落下，被超越，被抛弃。从小到大，每个人都特别着急。所有人都告诉你，你要走得快一点，再快一点，更快一点。刚毕业，父母就说，你要在 26 岁前结婚，快点生孩子，这样你不会有后顾之忧。亲戚跟我说，你要在 30 岁前有一番事业，以后生活才有保障。很长一段时间里，我非常努力工作，尽量做到他们想让我做到的事，但我到了 35 岁，还没有结婚。他们就说，"你看那谁谁谁又怎么样了""孩子多大了，都二胎了""又买多大的房子了"……我每天的生活中，都充斥着这样的话。他们觉得，你就得比别人快，过得比别人好，所以你完全没办法让自己停下来。

林音： 成功的标准在比较中不断被抬高，所以现代人的心理压力才会这么大吧。但对你来说，他们所说的这种"好"，是真的好吗？

落岩： 这种人生规划和生活节奏，就像工厂管理模式。你根本没有空闲时间去思考，这对你来说是不是好的人生，你应不应该这么活，就是无情地被推着走。除了工作学习，就是吃饭睡觉。可能有一瞬间，你觉得这是不对的，但你更害怕比别人走得慢。所以不管是不是你想要的，先拿到手再说。就拿结婚这件事来说，我有个朋友甚至告诉我，他的父母说，你就是结婚了再离婚都可以，但你这个年龄必须结婚，要不你就落后于人。

林音： 很多人一直在和他人比较的旋涡里，担心和害怕自己不如他人，于是没想好自己要什么，就盲目地向前冲。可是，每个人的人生节奏本来就不一样。看过一个演讲，大致意思是：有的人21岁毕业，到30岁才找到自己真正满意的工作；有的人没机会上大学，但从14岁起就坚定了自己一生的热爱，仍有一番成就；有的人30岁后才拿到硕士学位，开启新的事业；有的人35岁才结婚，却因为遇到了对的人，过得心满意足；还有的人40岁才买房，但过得很惬意，没什么丢人的；有的人45岁时过得好好的，突然辞职去过另一种人生；还有的人50多岁退休了，在可以舒舒服服过日子的时候，又开始折腾创业……我一直认为，**人生没有绝对的领先和落后，生命都有属于自己的时机。别人有别人的时机，你有你的。我们要等待的，是属于自己的时机，要寻找的，是适合自己的节奏。**

落岩： 对，到了35岁，我才明白，太着急未必是件好事。因为那些时间是盲目的，随波逐流的，大多是没有意义的。我总是为那些逝去的青春感到遗憾。其实，很多人都是到了一定的时刻，才找到他一生奋斗和追求的方向。

保罗·塞尚20岁前没画过画；拳王洛奇·马西安诺20岁前没

练过拳击；J.K. 罗琳，23 岁前只是个学校里的外语老师，但她从小就坚持写作，被拒了 12 次后有了《哈利·波特》；影帝艾伦·里克曼 28 岁之前没接到过任何重要角色；著名投资人戴夫·麦克卢尔 40 岁前没投资过任何东西；方便面之父安藤百福 48 岁前是卖盐的，还进过监狱；马拉松选手福杰·辛格 89 岁才开始跑马拉松……你能说这些人没有在社会约定的，应该做什么事的年龄完成任务，他就是失败的吗？不能。

林音：我想，一个人之所以会感觉到"心无力"，内心变得空洞，是因为他太容易被他人和环境带跑节奏了。只要自己落后于人，或者与众不同，就十分焦虑。实际上，**你永远不知道，属于你的那个时机什么时候到，你能做的，就是保持良好的心态和做好准备，朝着自己的目标努力，坚定地别让任何人轻易打乱你人生的步伐和节奏。**

落岩：所以我很庆幸，现在的我终于找到了适合自己的人生节奏：我决定我什么时候结婚，什么时候要小孩；决定我要做什么职业，用什么方式养活自己；决定我赚的钱用于什么方面，不一定是买车买房……我找回了自己的节奏。

林音：但这是一个无比艰辛、煎熬、充满焦虑和斗争的过程，你要面对很多的不理解和攻击。甚至有的来自至亲。

落岩：是的。有一种时刻，你要面对所有人都不站在你这一边的绝望，全世界只有你一个人坚持和奋斗的孤独。但最终，你会活出自我。这种感觉，只要是体会过的人，就一定不会后悔他曾经所谓的离经叛道，勇敢尝试。

04 流水线产品：
优秀的做题家，为何变成了"行尸走肉"？

林音：你觉得为什么一个人生活得好好的，会突然产生内心的无力感，找不到人生的意义？

落岩：从来没有人是活得好好的，突然一下就"病"了的。这种空洞的无力感，我很小就有了。14岁那年，我就开始疑惑，我人生的意义，到底是什么？因为在长大的过程中，我很少体会过内心充实、充满希望的感觉。我问父母这个问题，希望得到一些指引。但他们说："小孩子想那么多干什么，别想这些没用的，好好学习考个好成绩就行了。"

林音：那应该是一个你的自我觉醒的重要时刻，你开始想要探索自己是谁。但很不幸，这个微弱的火种，被无情地熄灭了。

落岩：对。他们的回应让我觉得，我并不需要思考，甚至不能思考人生意义这件事。**但实际上"我为什么活着""我喜欢做什么""我要成为一个什么样的人"是一个人一生最重要的命题**。我错过了这次探索自我的机会，之后感觉慢慢变得迟钝了，对其他事也漠不关心，因为我的感受、我的意志、我的想法都不重要。直到30岁，我又重新开始思考这个问题：我要成为一个怎样的人？我人生的意义是什么？

林音：有些人似乎怎么也逃不掉对自己的这个追问：我存在的意义是什么，我的自我价值在哪里。

落岩：我就是这样的人。我有疑问，但没有真正探索过。从小，我一直在追逐某些特定目标，不断地考试竞争。从幼儿园、小学到大学，再到研究生，我花了20年的时间读书。在这极为漫长的20年里，我竟然只是在学习，完全地学习，俨然一个专业的"做题家"。我没有探索内在的冲动与渴望，没有实践自己的想法，没有发展自己的兴趣，没有解决任何实际的问题。人生有几个20年？消耗时光，挥霍青春，最后还不知道自己是谁、想要的生活在哪儿，真是难以想象。

林音：知识是无罪的，学习是有用的，但一定要包含情感，因为人是生命。**我们要明白为什么学，找到适合自己的方式去学，并能够选择自己感兴趣的东西去学。**这样，它就不会变成只是完成一个任务，而是能真正触达自己的内心，变成你的工具、技术、思想，甚至生命的一部分。

落岩：有一个大学生写的一封信，倾诉了他内心的迷茫和无力，让我印象深刻。这应该也是曾经的我和很多人的心声。他写道："我对明天的期待已经毁灭殆尽，没有了信念和理想……现在的我不知道未来是什么，不知道我想要什么。灵魂的惯性迫使我沿着原有的轨迹前进，而我的灵魂早就没有了一分再向前推进的力气，支撑着我一步一步走下去的只有我对于别人的承诺……"没错，推着我向前走的，也只有我对家人的承诺和他们对我的期待。

林音：很奇怪的是，教育和环境本应该帮助我们寻找自己是谁，而不是磨灭自我和理想，让人丧失对未来的期待和规划。但好像从一开始，我们对于自己的人生就没有太多选择和探索的机会，所以总是容易陷入迷惘。

落岩：因为从一开始，我们做的就是客观的填空题，不是选择题，更不是开放的主观题。小学说要上进，不要贪图享乐，考上重点初中就好了；初中说要上进，不要贪图享乐，考上重点高中好了；高中说要上进，不要贪图享乐，考上名牌大学就好了；大学说要上进，找到好工作就好了；工作说要上进，不要贪图享乐，功成名就就好了……再后来，他们又开始操心你是否成家立业，结婚生子。从来没有人问过你，你想不想要这样的人生？一切都已安排就绪。结果呢？如此漫长的追逐目标后，又有几个人过上自己所期待的生活，真正地对自己感到满意，内心能够感受到平和和喜悦呢？

林音： 到现在，这样的情况还是没有大的改变，高焦虑、高抑郁，有消极念头的孩子越来越多。一个 8 岁的孩子跟我说，他在一天中自己能支配的休息时间，加起来只有 10 分钟。一天的课上完后，要去两个补习班，到家已经晚上 8 点，休息 5 分钟，然后写完作业后还要上兴趣班的网课，上完休息 5 分钟，最后上床睡觉。父母严格控制时间，为了让他更自律。他说了一句话让我震惊："我一天最轻松的时候，就是上厕所的时候，那是唯一没有人管我，唯一真正放松的时刻。"他并不明白，为什么要这么活着。

落岩： 我想，他以后一定是跟我一样的优秀的"做题家"，但他也很可能会跟我一样，成为没有灵魂的"行尸走肉"。一直以来，别人让我做什么，我就做什么。大部分人怎么想，我就怎么想。直到有一天，我发现我根本不知道自己是谁。甚至在别人呼唤我的名字时，我都觉得十分陌生。

林音： 同一种形式的竞争，让大部分人都走向了几乎同一条路。把一个生命本该灵活、灵动的生长过程，变成了工厂流水线上生产的罐头。盲目追求共性，丧失个性。这种去个性化的过程会让人陷入一种自我割裂的痛苦中，你无法认同和沉浸于自己的奋斗，感觉到不安和无意义。

落岩：但每个人都适合这条路吗？每个人都要学习同样的东西吗？到底有没有人认真地思考过，那个孩子需要什么？他喜欢什么？他想过一种什么样的生活？他值得为什么东西付出自己一生的时间和努力，而不至于在自己走不动路、吃不了饭的时候不去悔恨他的过往？如果你无法承担、承载他的一生，那么就不要替他做出所有的决定。

林音：很多人不明白，为什么自己的孩子这么努力，但还是达不到他们的标准。他们却未曾想过，也许他们的孩子并不适合那些他们十分看好的前途无量的行业。人是一种很灵活、很个性化的生物，个体与个体之间太不一样了。**一个人做事的结果，有遗传、环境的原因，更有个体因素，如个性、努力、适配度和内驱力等主观因素的影响。**一个人所谓的康庄大道，或许对另一个人来说就是万丈深渊。不尊重先天的局限性，又不尊重后天个体的喜好，一味地把所有人放在同一个标准里面去比较，是十分愚蠢的。你会发现你付出 100 分的努力，结果还达不到别人 1/10 的成绩，非常累，还没有好结果。最后，这个人怎么会不抑郁呢？

落岩：是的，每个个体的长处和短板都不同，每个人都有自己擅长的领域。只有你自己知道，自己能干什么，想干什么，该干什么。**找到属于自己擅长和喜欢的东西，发现和创造自己的这条路，才是我们一生最重要的任务。**

05 抹掉自我，
你在为谁而活？

林音：回想起来，小的时候，很多孩子都有自己的想法，对人生有丰富的想象，而且天真地觉得自己什么都能做好，但越长大，就越不愿多想了。你也曾有过对未来的向往吗？

落岩：有。现在回想起来，那时候的"中二"才是最宝贵的。小时候，我想成为像凡尔纳一样的科幻作家，写各种有趣的小说；或像大卫·妮尔一样的探险家，去世界各地旅行冒险，把自己的经历写下来。不过我爸每次看到我读这些书都会气急败坏，说"就知道看这些没用的"。后来，没经过我的同意，他就把我的书都扔掉了。

林音：为什么他觉得这些是"没用的东西"？

落岩：因为"男孩要学理科才有出路"。小时候，考试成绩是评价一个人的最高标准。只要你学习成绩好，一切都好，其他都不重要。长大后，赚钱是检验一个人的唯一标准。你有多少工资，过什么水平的生活，买多大的房子，和谁结婚，就是衡量你的唯一标准。其他的，都不重要。

林音：只有竞争和结果，没有意义和情感，似乎这种传统的功利主义教育背后有一种强烈的畸形的价值观：你只要达到一个好分数，找到一个好工作，和不错的人结婚，生几个争气的孩子，你的人生就达标了，成功了，圆满了。一个高度发展的所谓成熟社会，却给一个人走的每一步都定了标准。人就如同巨型机器里的螺丝，位置早已被安排好，只要固定在那儿就好了。可是，人不是机器，他终究得面对内心的问题。

落岩： 在这样的教育方式和理念之下，我整个人一直都特别压抑。我不知道我是谁，像在用别人的身份生活。我对于过去没太多感觉，也没什么深刻的记忆。好像莫名其妙，就长这么大了。

林音： 我相信，每个人从小心中一定有所热爱，有所追求，因为人都有探索的本能。小时候，我们天真大胆，如果成长健康，环境自由，我们就会生长出爱的能力，爱的对象，很容易就对一个事物产生巨大的兴趣，大胆地去探索和学习。但有的大人会说"这个不能玩""这个人不适合你""这里不安全"……一个个砍掉了那些自由生长的触须。渐渐地，我们就觉得"我什么都不能做""我不应该有这个想法"……然后越来越失望、恐惧、不自由，什么都不再尝试，对什么都不感兴趣了，由此失去了丰盛的好奇心与探索欲，陷入无尽的空虚和无力之中。

落岩： 其实，我也坚持过自己，但失败了。大学填志愿的时候，我不想学现在这个专业。我对父母说，如果我选了，是在替你们考大学，但他们总是能"动之以情，晓之以理"。工作几年后，我想去支教，一是帮助别人让我感到有价值，二是想亲眼去看看这个世界。但不管我做什么，只要偏离他们预先设好的轨道，他们就会用各种理由说服我："我们年纪大了，想早点看你定下来；我们身体不好，就盼着你成家立业。"最后我还是妥协了，我是软弱的。

林音： 面对现实，我们都会有一定程度的妥协，不必过度自责。很多人长期做着父母期待的事情，满足父母的需要，在潜意识里已经把父母的期待和自我的意志等同，慢慢变成他们人生的延续。当一个人的心被他人的愿望过度占满时，已没有空间留给自己，他的生命就变成了别人的生命，而属于自己的，只有外面的一层壳，最后就会变成你所说的"行尸走肉"。即使他后来想要重新寻找自己的人生，也会惧怕未知的挑战，没有勇气跨出那一步。

落岩：我理解他们的担心，但无法接受因为情感和道德，就绑架自己的一生。

林音：大部分时候，"听话教育"就是一种驯化。不管是什么样的方式，关心或不关心，爱或不爱，出于好心或者恶意，当家长说出"你这样做，就是好孩子""你不这样做，你的人生就毁了""你得听我的话，我都是为你好"的时候，本质上，是把人从生命体变成了非生命体。在这种驯化之下，孩子慢慢地就变成了只会听从"主人"、服从"主人"的宠物。对一些大人来说，养孩子和养宠物没有太大的差别。你只要听话，我并不在乎你内心在想什么，你只要创造好的成绩和结果，没有抵抗意识地服从，那么我就认为你是一个好孩子，我没有生错你。

落岩：为什么？因为这些事情是他们没做到的，所以期望自己的孩子做到，以获得一种代替的满足感吗？因为一个新的生命的诞生，是上一个生命的延续，所以把他当成自我实现的工具吗？也许我们在生育孩子之前，都必须好好地，严肃地，认真地问问自己，你为什么要创造一个生命？

林音：所以我想，不管是谁，一个人活出自己才是最重要的。只有先活出自己，才能照见他人，才不会把自己的希望寄托在他人身上，让别人为自己未竟的人生梦想和遗憾买单。

落岩：对。在成长的过程中，很多人和我一样会面对跟上一辈传统或固化观念做斗争的情形。我们应该去抗争：我想过一种什么样的生活？什么对我来说是对的路？最终没人能给出正确的答案，都要靠自己摸索。这里面当然有试错的成本，但如果为了避免失败，不去犯错，按照既定之路去走，那才是真正对自己的辜负。

06 一个人一个活法，你不是所谓的失败品

落岩： 我有位女性朋友，比我小两岁，特别优秀，性格活泼有趣，事业也做得不错，很有上进心，但这一年她十分抑郁，甚至到了要吃药的地步，就是因为30多岁了没有结婚。她说，每次家人看到她就是一副恨铁不成钢的嫌弃样，一点不夸张。只要家里一有饭局，必定会提到这个话题，好像她是一个让家人丢了面子的罪人一样，走到哪里都抬不起头，搞得她有家不敢回，最后心理出问题了。但在我看来，她是那么优秀的女孩。以前我认识的她是那么开朗，散发着光芒，才一年没见，她就像变了一个人一样，整个人都没有力量了。

林音： 你认为，30岁不结婚，就是失败的人生吗？

落岩： 她其实不排斥恋爱和结婚，是真的没有遇到合适的人，不想将就。能不能遇到，不是她可以决定的事。但因为反反复复地被催婚，她反而开始排斥。她的父母觉得她心理不正常，属于"书读多了，读傻了"，所以才不想结婚。最后，她都开始怀疑自己是不是心理有病。那种来自家人的嫌弃，真的可以摧毁一个人。很可怕。

林音： 家是一个人最后的精神堡垒。来自家人的不理解，的确杀伤力很大。时代发展到现在，社会整体已经进步了很多，但有些观念还是一样固化和传统。**一个人本来过得很好，只是因为和其他人步伐**

不一致，走的路不同，没有在所谓规定的时间，做到规定的事情，就被当成异类，被攻击，被调侃，甚至被唾弃。这是一种精神的倒退，还是我们在自我之路上，走得过于缓慢了？

落岩： 让我更难理解的是，其实这个女孩的母亲自认为她的婚姻并不幸福。年轻时没有想好，到了年纪被催，就匆忙结婚。即使不合适，还是将就了一辈子。所以这个女孩不想将就，因为她从她的父辈那里得到了经验教训。即便如此，她还是希望自己的女儿早点结婚。我想：如果一个人选择的生活方式不幸福，已经付出过代价，为什么还要原封不动地塞给孩子，就因为那是大多数人的选择？如果一个人很幸福，又哪来那么多精力耗费在别人身上，为什么不专注于自己的人生呢？

林音： 有一种经典的说法是：我们这辈子就这样了，只能这样了，就希望你能幸福，发展得好。你幸福，我们就幸福。

落岩： 乍一听没有任何问题，还能够感受到浓浓的爱意，但仔细想想，一个人的幸福为什么要依托于他人？一个人的幸福又如何完全指望另一个人？"我们这辈子就这样了"，你没有完成的幸福人生，却觉得我一定能完成？"你幸福，我们就幸福"，可是反过来，我的幸福标准是否就等同于你的幸福标准，是不是等于做到你不曾做到的事，按照你的规划去生活呢？我想说的是，如果我不幸福，也请你一定要幸福。因为人一生的任务，就是成全自己。

林音： 你觉得人们为什么那么着急，任何事都害怕落后于人？

落岩： 除了生理因素外，最大的原因应该是，他们不了解自己，不了解人生。人的一生，就像种子落了地，终究会发芽，到了秋天，也一定会结出它该有的果。急什么呢？苹果好吃，你就一定要让梨树也结出苹果吗？明明是南瓜的藤蔓，非要它长出西瓜来吗？每个人都有适合自己的路，何必千篇一律，强人所难？

林音： 你是什么时候意识到这一点的？

落岩： 有一段时间，我也面对着同样的指责：你为什么那么与众不同？你为什么不结婚？你到底有什么毛病？一开始我也觉得自己有病，后来我发现，只是适合我的那个时机没到，适合我的人还没有出现。但不管你怎么解释，别人都不会理解你。还有，对工作倦怠到极点的时候，我会想到，曾经的我不是这样的，我也有过充满激情和动力的时候。做着自己不喜欢的工作，我很难感觉到心情的起伏。有一刻我突然醒悟：如果，连活着都追求"别人都这样，你为什么不这样"，如此没有自我，就太可悲了。

林音： 一个人一个活法，每个人适合的道路都是不同的。人们总把某一种生活定义为成功的生活，把其余视为不成功的生活，自以为是地夸赞一种生活，排斥另一种生活，于是所谓的"人生赢家"便成为多数人一辈子的目标。我们按照这样的格式修正自己，疲于奔命，最后反而得不偿失。

落岩： 我认为，"实践是检验真理的唯一标准"。人接受那么多教育，本是启发智慧，可以以全新的观点和视角去理解这个世界，不受理论、偏见与陈规的限制，一切"亲自见证"，自己去实践，来追求自己心中所想，而不是妄下判断，人云亦云，随波逐流。

07 同质化地狱：
内心空虚的我们，需要"沉思的生活"

林音：我感觉，除了单一的教养方式和固化的社会观念外，人变得越来越无力、空心，还有一个重要原因：我们一直在无意识地"观看"，观看和沉溺于各种信息、影视、视频、故事、社交网站等。每个人，每天"观看"的时间非常长，长到你难以想象。而我们看到的内容，潜移默化地在影响、改变和重塑我们自己的现实和精神世界。有一段时间，我就是如此，总是越"观看"，越无力。

落岩：是的。现在不管走到哪里，每个人都拿着手机，沉迷于社交网络和观看视频。我以前是重度手机依赖症患者，一刷手机就停不下来。有段时间，除了工作和睡觉，剩下的绝大部分时间，我都在上网刷短视频，连吃饭都这样，毫不夸张。以前我挺喜欢看视频，能开阔眼界，又让人开心。但这几年，随着接触越来越多的人和信息，觉得所有东西都千篇一律，越来越同质化，没有创造力。这种过度观看，不仅没有让我感觉到内心的平和，没觉得自己的心更开阔，认知被拓展，而且还变得更加盲目、倦怠和焦虑。

林音：这个时代，很多内容看似丰富，实则却是一片精神荒漠。如果我们时常被一些爆炸性的、冲突性的、充满诱惑的信息吸引，又不知道如何甄别和判断，过度观看一些博取眼球，渲染焦虑，刺激感官的速食、同质化内容，沉溺其中无法自拔，精神上或许会越来越空虚。

落岩：我的确发现，这几年我的记忆力退化了，很多事情都记不住，思考一件事的时候脑子转得更慢了，钝化了。甚至慢慢地，我发现我失去了思考的能力，对于一件事情很难有自己独立的感知。当我去大脑中搜索材料时，却只记得一些印象特别深刻的镜头，和一些不断被重复的内容，没有任何自己的东西。

林音： 长期地观看"速食视频"，不需要动脑，又没有自己的思考和沉淀，人的大脑的确会退化。而你所看到的内容，大多是根据算法推荐的内容，都是你感兴趣的、喜欢的类型。这样，你的思维很可能会因为长期沉浸于同一类型的内容中而看不到其他的世界，视野变得狭隘和固化，失去了原本能够学习和思考的耐心，以及探寻本质的毅力。**这是另一种形式的精神奴役，会导致内心层面的空虚。**

落岩： 是的。有些内容乍一看特别有意思，五花八门，刺激新鲜。但那个快感"唰"一下就过去了，没留下什么感受。更重要的是，看多了都一样，只是形式上换一个"皮"，内容本质上都差不多。当一个人用这种方式火了，很多人会效仿。当一个地方因为一个视频火了，就有无数人争相关注。从众成为一种潮流，是不是真的喜欢，真实感受如何，已经不重要了。我变得越来越无法相信别人所说的内容，开始觉得一切都特别无聊。我的自我也越来越模糊，不坚定。

林音： 我也经历过这样的时期。在我心情不好的时候，这些视频和娱乐的确给我带来了安慰，作为偶尔的娱乐手段是很好的。但如果依赖它，在短暂的愉悦和刺激之后，你会觉得精神上特别疲惫，难受。长期用这样的方式逃避现实，是有副作用的。心理学家米哈里·契克森米哈赖认为，信息和资讯对人们意识中的目标和结构的威胁，将导致内心失去秩序，就是"精神熵[①]"。**内在失序，也就是资讯跟一个人既定的意图发生冲突，或使我们分心，强迫一个人注意力转移到错**

[①] "熵"本是一个物理名词，最早由德国物理学家克劳修斯于1865年所提出。是指用热量除温度所得的商，它标志热量转化为功的程度，后也用作衡量客观世界无序程度的度量。因此，"精神熵"顾名思义则是指精神处于无序状态程度的高低。精神熵的值越大，代表无序程度越高，值越低，代表无序程度越低。我们人类的精神意识系统是需要秩序的，当我们的精神意识系统有序运转时，就会体验到内心的平静，体验到发自内心的满足感和喜悦。

误的方向，无法为实现意图而努力，不再发挥预期的功能，精神能量也窒息了。

落岩：所以，精神熵就是一种内心的混乱、无序状态。现实生活充斥着各种无用的垃圾信息，让我们的内心随外界而波动，不能自主，进而产生各种焦虑、烦躁、痛苦、恐惧等负面情绪……不断增加我们的精神熵，让我们活在一种无序、混乱的无意识中，并对人生感到迷茫。

林音：对。精神熵就是精神垃圾的巨量堆积。其结果是，我们的心智能量持续地耗费在一些无关紧要的事情上，永无结果，一直无法摆脱混沌无序的状态。这会导致幸福感的明显缺失。所以你才会觉得一沉迷网络，就无法行动，什么都做不了，也不想做。米哈里说，"精神熵是常态"，现实也的确如此。

落岩：有什么方法可以解决精神熵吗？

林音：尼采认为，人之所以精神匮乏，是由于一个人"没有能力抵挡刺激的作用"，无法拒绝那些蜂拥而至、不由自主的冲动刺激。韩炳哲在《倦怠社会》里对这一说法解释道：如果一个人缺少隔绝外在刺激的能力，那么人类的生存便成为一种烦躁不安、过度活跃的反应和发泄活动。这已经是一种疾病、一种倒退，也是疲劳、衰竭的征兆。而对此的解决方式，尼采提出，我们需要一种"沉思的生活"，这是一种深度的注意力。在沉思状态中，人能够脱离外界的干扰，将自己沉浸于某种真实的事物之中，"学习观看"。"学习观看"意味着一个人能使眼睛拥有沉思的专注力以及持久从容的目光，这种目光让人不再臣服于外在的刺激，自主地控制它，有隔绝外界干扰的能力，最后内心也能变得有耐心，宁静。

落岩： 如何拥有"沉思的生活"的能力呢？

林音： 对我来说，是"精神克制"和"追求真实"。"精神克制"的重点是"一秒stop"。这是曾经我给网络上瘾的自己设置的方法。每当我意识到我在"过度观看"，感受到我的精神力量被源源不断地刺激吞噬时，我会给自己的大脑输入"stop"的指令，立刻让自己停下来，减少观看视频的时间。而对于观看的内容，我也会尽量选取那些能够深度学习，让我集中注意力，感受上更加真实，不夸大，不虚饰的内容。像一些视频博主，非常真诚地分享自己生活里的趣事和日常，我能够看到他人生活的模样和状态，丰富了我的认知，让我愉悦，也激励我更加热爱生活。

最后，更重要的方法，应该是米哈里·契克森米哈赖所说的"心流"，是精神熵的反面。他认为，幸福是你全身心地投入一种事物，达到忘我的程度，并由此获得内心秩序和安宁时的状态。

落岩： 怎么可以达到"心流"？

林音： 首先，要收回自己的注意力。体验过心流的人都知道，那份深沉的快乐是严格的自律、集中注意力换来的。最重要的是，你要找到你喜欢的事物，拥有你想要的、愿意为之付出的目标。那目标是什么不要紧，只要那目标将你的注意力全神贯注集中于此，有即时的回馈，可以将日常恼人的琐事，短娱乐的刺激忘却和屏蔽，达到忘我状态，你就能战胜精神熵。

落岩： 就像我现在，投入到我喜欢的事情中，我总是能感受到满足。为了做我想做的事情，走世界，拍视频，做旅行计划，我会静下心来，学习各种各样的技术，做好各种准备。以前我认为这些太难了，我也根本没有时间，没有心情完成，但其实，**只要静下心来去探索和学习，一切都没有那么难，只是我们缺乏了那份来自内心深处的激情、冲动和行动力。**

08 内卷竞争下的"情感钝化"：
　　我们都是孤岛

落岩：除去失去自我，我决心改变现在的人生，还有一个重要的原因——其实，在内心深处，我一直挺孤独的。

林音：为什么会孤独？

落岩：在别人看来，我身边围绕着不少人，家也离得不远，加上现代人的沟通交流那么便利，一秒就能触达信息，觉得没什么好孤独的。但我感觉到，人与人之间的心理距离反而越来越远。长大后，你会遇到很多人，但那些人不会认真听你说话，没心思去了解你的想法，也不想认识你这个人是怎样的。大家的目的性都很强，他只会看你有什么东西可以交换，很少有人会真诚地去靠近你。平常从来不联系你，连问候都没有一句的人，会突然来找你，聊了很久才发现，其实是对你有所求。还不如一开始，就说清楚自己的来意。最后，当我发现大部分人都是有目的时，便不再和人过多地交流。

林音：听起来，你喜欢简单的人和事物。

落岩：对。人与人之间一旦变得复杂，我就不想在那个环境里待着。在这样的环境里，我感觉，我的情感越来越麻木了。我每次都是抱着开心的态度来对待靠近我，愿意和我交朋友的人，但后来发现，对方并不是那么想的，我就觉得，人挺没意思的。

林音：看来，你对有些人的交往态度很失望。你觉得是什么原因让人的情感变得麻木？

落岩：这个社会的竞争太激烈了。因为过度的竞争，大家变成了潜在的对手，社交变成了生意，人和人之间充斥了更多的不信任和怀疑。以前我也因为这个原因，失去过很好的朋友。那时我还不懂，年幼时候的感情是最珍贵的。我只把那个男生，我的朋友当成了竞争对手，而忘记了，他也是在我最辛苦、最难过的时候陪伴我的人。所以我一直后悔，因为种种的误会和不想输的心情，我主动地远离了他。也因为害怕被伤害，所以人与人之间的心墙变高，引发了彼此的孤立和疏离。

林音：所以你开始远离热闹的人群，只追求自己想要的人际关系？

落岩：对。生活中看似有很多热闹喧嚣，但我其实无法融入其中，所谓"热闹是他们的，我什么都没有"。我更喜欢那种也许没那么热闹，却是真正走心的交流。

林音：过快的生活耗尽了我们表达和沟通的激情，宁愿孤独，也不愿对话。心理上有这样一种体验，叫"情感钝化"，指的是一种情绪麻木的状态。这种状态下，人会感觉空虚或者沮丧，不在意别人的情绪，也确信别人不在意自己是否快乐或幸福，人和人就像孤岛一样。有人这样描述自己的情感钝化体验：我常常觉得自己像个隐形人，别人不会特别留意我，也不会理解我，我也是如此。我想，这应该是这个社会人际关系和交往的常态吧。但这个常态，会让人感觉非常孤独和痛苦。

落岩：情感钝化，慢慢让我变成一个没有心的人。好像别人发生了什么，跟我无关。朋友发生了什么事，我想去关心，都会觉得别扭，害怕别人多想。甚至有时候连家人之间都是，有什么烦恼也说不出来，只是简单问候一下，没有实质的交谈。这不是我想要的生活状态。不管社会如何复杂，对我来说，人与人之间的交流，一定要有真实的部分。没有真实，我会觉得毫无意义。

林音：我感觉你是个特别重感情的人。内心深处像一个小孩一样，很珍惜人与人之间的感情，渴望全身心地投入生活，渴望在他人面前毫无保留，真诚地关心他人，这是你真正的个性。

落岩：是的。我小时候有过一些珍贵的感情，但慢慢地就走散了。大家都太忙，进入到不同的工作和生活环境，共同话语越来越少，联系就少了。长大后，大人会教你去考量，作为朋友，他会不会给你带来利益和好处，而不是单纯从喜欢的角度来选择，但我觉得这种方式不适合我。很多人都说你这么简单很容易被骗，但我很庆幸，我至今还保存着这份对人的真实。我会在每个节假日去问候那些我珍惜的老朋友，遇到什么很好玩、很幸福的事，也会跟他们分享。

林音：所以你选择了另一种生活，一种用心的，有更多真实情感联结的生活。

落岩：对。现在虽然我遇到的很多是萍水相逢的人，但我会认真听他们说话，他们也会停下来和我聊天。所到之处，实实在在地留下了我走过的痕迹，我遇到的那些人，也在我心里存下了印记。而以前我在一家公司工作那么多年，每天打卡上班，多年之后跟有的同事还是点头之交,甚至连话都没说过。**我想像现在这样,全然投入地去生活,去交流,允许自己的心去感受、感动和疼痛,而不是变成一个"空心"的人,和所有人彼此像过客一样。我不想这样过完一生,最后什么都没有留下。**

09 心无力的本质:
信仰缺失,是一种"心病"

落岩: 在我觉得人生最没有意义的时期,我看了很多描述五四运动和抗日战争时期的历史的书和电视剧,我很佩服那时候的年轻人。那个时代,真是残酷又美好。我想起,曾经有次,初中老师问大家,你们想成为一个什么样的人。有一个同学很大声地说:"不管做什么职业,我想做个对国家、对社会、对他人有用,有帮助的人,像一些革命先辈一样,做一个有信仰的人。"当时,我听到有人在笑,大概觉得这种"喊口号"太空、太假、太幼稚,不合时宜。但我心里和这个同学一样,也是这么想的,只是没敢说出来。那时候的我也是个有想法和激情的人,我的心并不空洞,只是后来慢慢就变了。

林音: 为什么变了?

落岩: 没有信仰,所以不坚定吧。别人一说,环境一影响,就觉得我是不是不切实际,是不是太天真了。而那个历史时期的年轻人们,在如此慌乱不安、百孔千疮、复杂多变的环境里,面对着"朱门酒肉臭,路有冻死骨"的乱世景象,还都能坚持为自己、为国家、为人民找出路。"传播真理、开发民智,进而改变整个社会。"我们以前在政治课上死记硬背的那些东西,曾经真的被一群人当作毕生的理想信念去奋斗和牺牲。哪怕面对枪口，哪怕仅存一点希望，都从未放弃过。对这种勇气和忠贞，我是羡慕的。而我在同样热血的年纪，生活在盛世里，想的是什么呢？我总是喜欢发呆，对人生感到失望，对未来迷茫，对什么都提不起兴趣，感觉没有什么能填补我空荡的心。

林音：造成内心空洞与无力的根本的原因，或许是人生观、价值观、世界观的混乱与迷失。一个人生观和价值观不坚定的人，是很容易迷茫的。因为你并不知道你做的事是为了什么，一旦面对诱惑或困难，就会产生动摇。即使有目标，这个目标也不是来自你自己的信念，不足以让你去克服万难，逆境前行，坚持到底。

落岩：对，没有信念的人很难坚持。我本来想做个什么事，只要遇到一点点困难，就打退堂鼓了。但一百年前，给国家和人民找一条救国之路，是那一代年轻人的毕生所求。他们在实验中比较和检验，失败了一次又一次，不断重来。遇到问题，他们总是争论，真理越辩越明。他们倾尽全力批判社会弊病，唤醒沉睡的国民，走上街头，走入底层，启发民智。那股韧劲和坚持，是我没有的。

林音：这需要一个很长的过程，不是一朝一夕能完成的。不能急功近利，也不能彷徨徘徊，必须要求一个人有坚定的目标和信念，才不会轻易放弃。

落岩：对。所以从那时起，我就思考，为什么我这么容易迷茫，我这么容易觉得人生是无意义的。因为我没有目标，没有信念；或者，我有目标，但不是我自己的。有时，人之所以成为只有躯壳的生物，是因为内在的空虚。以前我接受到的教育是，学习是为了更好的生活，但我们对于好生活的定义，却十分模糊或狭隘，大都体现在物质层面。

说实话，我也喜欢钱。因为有物质，才有基础去做实事。钱给我带来了安全感，带来了好的生活，让我不愁吃，不愁穿，让我有面子，有底气。但如果仅仅把金钱当作唯一的目标，唯一的信念，超越一切，没有个人化的理解，精神和思想上的坚持，人就会变得特别浮躁，总想着一步登天，甚至打破底线。所以，现在社会上没有底线地博眼球，赚取利益的现象越来越多了。

林音： 没有信仰的人，的确容易迷失。现在所到之处，到处都在上演罗生门。一个事件不停地反转，反转，再反转。一个新闻能出许多个版本，真真实实，虚虚假假，无法辨认。我们的情感被这些东西牵引、影响，甚至亲身参与，却不知大多只是表演、重构，与现实背离。我们付出的那些时间、感情，都是浪费，感受到了背叛，而对方根本不在乎，只要赚取了流量，赚够了钱就跑路。层出不穷的人，通过夸大炒作、颠倒是非、抄袭表演赚得盆满钵满，大家都竞相模仿。**在这样浮躁的社会里，要保持自己的信念，努力地坚持真理，坚持实事求是，自觉地拒绝利益的诱惑和污染，的确非常困难。**

落岩： 所以清醒的人才不会迷失。**从很小的时候开始，我们就得慢慢想清楚自己为什么而活，一步步探索属于自己的道路。**就像当时，我问我的父母，人生的意义是什么？他们说，这个不重要；你想成为一个什么样的人，这个也不重要；重要的是，别人怎么看你，怎么对待你。从此，你就开始踏上迷失自我的黑暗之路。而当一百年前的年轻人有同样的疑问时，他们会在实验和挑战中检验真理，即使会付出代价，也鼓励和支持自己的孩子和学生自主探索，不妄下结论，不盲目听信。你要怎么活，走什么路，你自己去看，自己去干。

林音： 有人说，现在的年轻人不能吃苦，不愿付出。我觉得，他们并不是不愿付出，不愿努力，更多的是不知道怎么去努力，为了什么努力。空心，是源于内心价值观的迷失。目标的单一，成功标准的固化，让我们在不停地追逐利益中日渐麻木。所以，不管现实多么复杂，我们都得静下心来想一想，对你来说，什么才是最重要的。

落岩：这就是我停下来的原因。我不能再继续盲目地向前走了。当你开始对很多曾经喜欢的事都不再热心，感觉一切都那么索然无味时，你要问问自己，曾经的那个热血青年哪儿去了。

林音：我发现，不管时代多么不同，每一代人几乎都有一个共性：探寻自己的本心。为此，我们需要坚定自己的信念，让自己足够强大，以面对大千世界的残酷与诱惑。

落岩：每当我感到无力和空洞的时候，就会想起那个年代，很多人为了自己的信仰牺牲的时候，是跟我一模一样的年纪，甚至比我小很多。人的生命，可以在弹指间灰飞烟灭。所以人生的意义是什么呢？如果有一天，我也突然离开了这个世界，那今天我做些什么，会让自己无悔呢？也许就是像我现在在做的事情一样，能感受到一种从内心生发出来的平和、喜悦和满足吧。

10 有目标的人生：
心之所向，即是归处

林音：到了这个年纪，当你再去探索世界，找寻自我的时候，你遇到的最大的阻碍是什么？

落岩：最大的心理障碍是不敢放弃之前稳定的，还算不错的生活。不得不承认，做梦是有年龄限制的，过了那个年龄，就缺了勇气。大概 5 年前起，我就想改变自己的生活状态；但每次又会劝自己，一切都晚了，我的人生已经定型了。拿着不错的薪资，过着自己的小日子，我的生活也是很多人向往的吧，我还折腾什么呢。

林音：是什么说服你下定决心去探索另一种人生？

落岩：我很喜欢《肖申克的救赎》里的一句台词："有一种鸟是关不住的。"如果你一直被困在原地，我相信在某一天，你一定会问自己：这样真的可以吗？虽然看上去一切都晚了，但只要我呼吸一天，我活着一天，就不希望现在的生活，是最后的结局。当我想通了这一点，就不再迟疑了。现在，只要我想到要做什么，不管面对什么困难，我的第一个想法都是：干了再说。这才是一种向上的人生态度，它能让我远离空心和无力。

林音：你不再像以前一样，犹犹豫豫，瞻前顾后，思虑过多了。

落岩：想挽救这种没有方向，没有目标，死气沉沉的自己，就必须这么做。以前迷茫的时候刷视频，我会向往那些探险家们精彩的人生，但让自己真正去干点有挑战性的事，又没勇气放弃现在的生活。后来我明白了，不在沉默中爆发，就在沉默中灭亡。要么改变，要么忍受。我忍不了了，就只有选择改变。

林音：你的目标是什么呢？

落岩：在 40 岁之前，我有一张自己要完成的地图，标记着我一定要去的地方；还有一个自己的计划表，是我一定要完成的 10 件事。我以前有个思想误区，是觉得人一定得做出什么成就，才会感觉到满足。实际上，所谓的"成就"，更多的是你通过自己的努力，完成自己想达到的目标。这个目标，不一定是世俗意义上的成功。但前提是，你要保障你的生活。在我看来，只要你找对方向，付出努力，这两者不是矛盾的。而且说不定，也许你会更成功。所谓世俗的成功，只是你自我实现的附加品。

林音：我也认为，这不是矛盾的。我见过太多目标明确，信念强大的人，即使在一条别人都不理解和认可的路上，他们最后还是走出来了。重点是，你一定要沉下心来耕耘，沉住气脚踏实地，等待机会。也有一些人，会非常狭隘地觉得，不是正常的路，就走不通。但越来越多的事实证明，路，往往就是少数人走出来的。

落岩：我在网上关注了一个人。他想拥有一个自己喜欢的房子和花园，但他只有一个农村的毛坯房。我亲眼看着他用两年的时间，自己设计，翻修，打造，自己做柜子，自己刷漆。在花园里，一粒一粒种上蔬菜和花草种子，看着它们生根发芽。两年之后，我一步步看着他终于造出了自己梦想中的房子，那感觉像我自己拥有了一样。还有一个人，本来做着会计的工作，但他从小醉心于写故事。后来他用下班后的时间每天写网文，坚持码字，坚持到第4年，他的作品卖出了影视版权，他也正式走上了这条路。在那么多年的人生经历中，有一条结论我可以明确地告诉所有人，如果你认为你走的是一条艰辛的路，那么恭喜你，这很可能意味着，你坚持下去会有更多的机会，超越他人。更重要的是，你能获得一种幸福的自我满足感。

林音：那你会怎么面对别人的不理解，怎么面对那些说你"一手好牌打得稀烂"的人呢？

落岩：这是个可以随意评价的时代，每个人的话都是一把刀。如果每个人的评价你都去在意,那么那些刀就会从四面八方向你刺来,没有强大的自我支撑,你早就百孔千疮,更别说做自己了。而且到了最后,你会发现,**那些人说什么真的不重要,重要的是,你自己是否对自己满意。对得起自己,才是最重要的。**

林音:一个人的内心在现实和理想之间游移不定,是一切痛苦的源泉。人一天天老下去,现实的锁链越铰越紧,越来越坚固,逐渐,你妥协了,接受了,乏善可陈地活着。但也有一群人,对自我实现的渴望过于强烈,总是不安于现状,直至有一天冲破藩篱,只希望做到真正的不留遗憾。**也许只有在行动中,人才能真正自由。**

落岩:你知道玛丽·金斯利吗?31岁前,她在伦敦过着典型的维多利亚时代独身女性的生活,照料生病的亲戚,为弟弟料理家务。但她突然对遥远的非洲产生了兴趣,就去做了一名战地志愿护士。她是第一位登上西非最高峰喀麦隆山的女性,还独自穿越峡谷和沼泽,拜访当地的部落,包括食人族,还在传教士、商人和当地土著之间斡旋。做这些事情的时候,她还穿着维多利亚式的传统服装,但那又怎么样呢。

还有探险家、旅行作家伊莎贝尔·埃贝哈特,她出生在瑞士,长大后移居阿尔及利亚并皈依了伊斯兰教。她把自己打扮成阿拉伯男人的模样,在北非旅行多年,写了《游牧》这本书。不过,她在27岁那年离奇地死于沙漠中的一场洪水。她是个非常勇敢的年轻女性,她说过一句话,我现在还记得:"现在我比以往任何时候都意识到,我永远不会满足于静止的生活,我总是会被阳光照耀下的他处所吸引。""阳光照耀下的他处",我一直以为是一个人心之向往的地方,但现在我认为,是不管你在哪里,你在做什么,即使现实艰难，你还能做自己，做着自己认可的事，是你的心是否因为你做的事而跳动。

林音： 我也喜欢这句话，"我永远不会满足于静止的生活，我总是会被阳光照耀下的他处所吸引。"我很喜欢的一位咨询师说过一段话：那些在繁华里待倦了的人，羡慕在山野间清净的人，殊不知那些看起来清净的人，也涌动着向往繁华的心。反复反复，始得平静。你在远方的人眼里也是远方，所以远方成了彼此的理想化幻觉。但不管是近处，还是远方，我们只要在可能的范围内，按照自己的意志生活，尊重自己的选择，就会感受到内心的平静和真实。

落岩： 对。并不是"别处的生活"就是好的生活，我选择的方式也不一定就是最好的方式。如果对你来说，找到在社会上的一个立足点，很平凡但健康地度过每一天，吃好每一顿饭，睡好每一次觉，就是你想要的生活，那么就这样去做吧。

林音： 这种对自己人生的责任感，是内心一瞬间的转化，它会让你从心无力走向有力。

落岩： 这一年，我的确感觉，只要我有力量去做自己愿意做的事情，我就可以轻易地从这种空洞的沉闷中解脱。我们需要通过意志来行动，通过行动来生活。**我必须期望我所期望的东西，我愿意成为我希望成为的人。这样的成功，才是真正的成功。**所以这几年，我做了很多准备，不管是物质上，还是心理上，都是为了给自己创造条件，来找寻自我。我愿意深深地扎入生活，勇敢求索，做出改变，走上一条全新的道路，无论别人怎么说，怎么看。

林音： 艺术大师杜尚按照他自己喜欢和认可的方式活了一辈子。

他说:"我从某个时候起认识到,一个人的生活不必负担太重,不必做太多的事,不必要有妻子、孩子、房子、车子。幸运的是我认识到这一点的时候相当早……这样,我的生活比之娶妻生子的平常人的生活轻松多了。从根本上说,这是我生活的主要原则。"虽然很久的后来,他也结婚了,但全然是因为时机到了,心意到了。一切出于己愿,而非他意。如果放在现在,有些人会觉得他是个"不正常的人",但他离开时却说:"我是生而无憾的,我什么都没有失去……我非常幸福。"又有几个人可以在离开时,说出这样的话呢?

落岩:我也希望,我即将离开这个世界的时候,可以说出"我生而无憾"这句话。很多人在读过《瓦尔登湖》之后,觉得是不切实际的。但不管《瓦尔登湖》是不是你心中的生活,你都需要去求索。求索过,你就不会有遗憾。每个人都应该去寻找生命中属于自己的宁静与自洽。**无论你是透过双眸,看向天外之天,感受宇宙星空的苍穹无边,还是穿越时空,求教古圣先贤,你都会发现,所有的挣扎,本质上都是为了克服外在阻碍,追随心之所愿。**

林音:对有些人来说,只有找到属于自己的那条路,才会感到真正的心满意足。所有其他的路都是不完整的,是人的逃避方式,是对大众理想的懦弱回归,是随波逐流,是对内心的恐惧。**一个人最美好的状态,那一定是,"知道自己喜欢什么,要什么,知道怎么做,最后全力以赴"。**从来如此,也将永远如此。所以在可以的范围内,现在,想做的,都去做吧。

落岩:想做的,都去做吧。

> 心理锦囊

1. 与父母的"精神分离",是一个人获得幸福的必经过程

世上所有的爱都以聚合为最终目的,只有一种爱以分离为目的,那就是父母对孩子的爱。

个体的成长发展,是一个不断与父母和家庭分离的过程。大多数成年人之所以不知道自己应该怎么活,感觉不到自己所过生活的意义,很大程度上是因为他没有发展出一个完整的独立个体,建立属于自己的空间,为自己负责。

父母一味地指导、安排、操控,没有界限地付出,反而剥夺了孩子成长的权利。当孩子长大,自我意识开始萌芽并发展到一定程度,他们就会觉得自己所过的生活不是自己想要的,不知道自己是谁,因而内心空洞,十分压抑。

要如何建立一个独立的自我,避免体验过度的"心无力"呢?

在《被讨厌的勇气》一书中,两位日本作者岸见一郎和古贺史健对阿德勒个体心理学进行了解读,重点剖析了"课题分离"的概念。

心理学家阿德勒认为,一切人际关系的矛盾,都起因于对别人的课题妄加干涉,或者自己的课题被别人妄加干涉。只要能够进行课题分离,人际关系就会发生巨大改变。

比如,别人对你提出一个要求,你的课题便是判断要不要接受他的要求,就事论事做出你想做的回应就好。至于他怎么处理你的回应,会不会感到失望、愤怒,那就是他的课题了。"课题分离"非常适合用于家庭之中，特别是关系黏度过高的家庭。

怎么来分辨一件事到底是谁的课题呢？阿德勒认为，只需要考虑一下"某种选择带来的结果最终要由谁来承担"就可以了。谁来承担这个结果，那就是谁的课题，谁就有这件事的选择权和决定权。

当父母说，"我吃的盐比你吃的米还多""我是为你好，你还不知好歹"等论调来规劝你走他们认为正确的道路时，你是否能清晰地认识到，最终你的人生不是由他们负责，你选择的结果是你自己来承担。所以无论对方做什么，决定你应该如何做的，都是你自己。

"课题分离"给我们提供了一个最好的走向精神独立的思维角度。很多棘手的问题，用课题分离来判断，就会让我们养成遵循自我意识，而不是依附权威人物的习惯。

首先，我们要区分什么是"你想要的"，什么是别人"让你想要的"，把别人渴望实现的东西还给对方，这是属于他们的人生课题。这个过程可能会比较痛苦，因为与父母每一寸的分离都如同撕裂共生的阵痛。这也是很多人即使想独立，也无法鼓起勇气为自己活一次的原因。

但一定要记住，分离，是一个人自我实现旅程上的必经之路。只有做到"课题分离"，才能有机会去做更多遵循内心的探索，获得独属于自己的那份意义感。

2. 联结内心的声音，追逐自我实现

空虚的核心本质，是内心被深深压抑和遗忘的渴望。它就像一个被冷落多年的小孩，在煎熬的地狱中绝望地呐喊。

一个人在成长的过程中不是没有属于自己的目标和愿望，而是从很小的时候开始，就被他人设定了一个"应该成为的人"的模板，掩盖了真实的自己。这个模板是在听从权威人物一步步的教诲中塑造而成的。孩子如果没有反抗，不出意外，则会用自己一生的时间，来完成这个父母期待的角色。

而且，孩子会从父母那里和环境中收集关于自己存在的意义的信息。如果一个孩子长期被父母的愿望填塞，他在父母那里收集不到关于自己的任何价值，他自己的愿望和需求，都没有替父母赢得竞争来得重要，那么，他作为一个独特的人，来到这个世界走一遭的意义是什么呢？即使他不断获得各种竞争的胜利，获得财富、名誉、地位和成就，内心仍然会有巨大的不真实感和空洞感。有一天，他会觉得"为什么我的人生这么没意思"。

每个人都有自我实现的需要和本能。

心理学家马斯洛将自我实现定义为人实现自己所有天赋、潜力的愿望，这是一个自然、动态、贯穿一生的成长过程。"音乐家必须作曲，画家必须绘画，诗人必须作诗"，马斯洛认为一个人做他自己最适合，且有能力做的事情的状态，即是"自我实现"。

"自我实现"是一种人类内在固有的驱动力，这种驱动力激发我们不断挖掘、发展天赐的能力与才华，将自身潜力发挥到极致，并将最终引导我们找到人生的道路。"它意味着充分地、活跃地、无我地体验生活，全神贯注，忘怀一切。"

每一个生命都不是一团任人随意捏造的陶土，我们拥有一些本能的东西在内心一直流动，你会时常听到它的召唤，走向本该属于你的路。然而，在成长过程中，会出现不计其数的权威人物的干预，我们因此失去坚守的意志，最终选择顺从与妥协。

所以，为了不失去自我，一定要从小事做起，倾听自己内在的冲动，努力认清自己的使命——那种想成为一个什么样的人的使命。你需要时刻提醒你自己：你适合做什么？你想成为什么？你的使命是什么？

即使遭受反对，也要最大限度地发挥自身潜能。这样，你才有机会体会到内心的充实、丰富，甚至能感受到马斯洛所说的"巅峰体验"。

"巅峰体验"是"自我实现"的标志之一，是一种极大的幸福感、敬畏感、和谐感与可能性共融的体验。在"巅峰体验"中，人会感觉与他所处的环境、时空高度融合，仿佛找到了自己在时空中的位置，有一种顿悟感。一个人的存在及行为，也因为这种和世界的融合，而得到了内心的意义感。

3. 意义疗法：在无力中构建属于自己的人生意义

有一种说法是，生命本没有意义，意义都是人为建构的。

心理学家弗兰克尔创建的"意义疗法"就是协助一个人去创造生命中的意义。

有一次，一个患有严重抑郁症的老爷爷找到弗兰克尔。老爷爷哭诉道："整整两年了，我还是无法接受妻子去世的事实，我爱我的妻子胜过世间的一切。"

弗兰克尔问老爷爷："如果你先于太太去世了，那你的太太会怎么样？"

老爷爷说："那她怎么受得了！"

弗兰克尔马上说："对呀，虽然你现在很痛苦，但是你是在替她受苦。"老爷爷听完，便意识到他现在所受的折磨，都是在帮妻子承受失去至爱的痛苦。他的痛苦，就变成了对妻子的奉献。于是，他释然了很多，也瞬间放弃了自杀的念头。

弗兰克尔利用痛苦本身，帮老爷爷找到了继续活着的意义。**一旦找到意义，痛苦就不再是痛苦了**。为什么弗兰克尔会得出这样的结论呢？因为他自己就是苦难中创造的奇迹。

在纳粹时期，作为犹太人，弗兰克尔全家都被关进了奥斯维辛集中营，他失去了一切——著作、手稿、家人和财产。他的父母、妻子、哥哥，全都死于毒气室中，最后只有他和妹妹幸存。

刚进入集中营的时候，他极度惊恐。狭小的牢房挤满了他的犹太人同胞，糟糕的环境让人无法呼吸，还有来自纳粹无处不在的殴打和折磨。更可怕的是，身边不停有人被投入焚烧炉和毒气室，谁都不知道自己下一秒是死是活。死亡，让人根本无法感受到希望。弗兰克尔也不例外。

那他是靠什么活下来的呢？

弗兰克尔心中一直挂念着两样重要的事物。一是他的家人。他对妻子的爱，给了他莫大的活下去的动力。另一样是他的手稿。他在集中营里通过对苦难中的人们细致入微地观察和记录，创造了心理学中的"意义疗法"，这份手稿，就是让他活下去的另一动力。

弗兰克尔认为，"人有能力保留他的精神自由及心智的独立，即便是身处恐怖如斯的压力下，亦无不同。人所拥有的任何东西，都可以被剥夺，唯独人性最后的自由，也就是在任何境遇中选择一己态度和生活方式的自由，不能被剥夺。"这也就是意义疗法的核心理念之一。

也就是说，任何时候、任何环境下，人都拥有选择其生存态度的自由，即使是在集中营那种惨无人道的极端环境下。

所以他时刻告诫自己，无论如何都不要碰触电网，任何时候都不要选择放弃生命。面对纳粹残酷的殴打、重体力劳动、饥饿、严寒、疾病等折磨，弗兰克尔从未放弃选择其生存态度的自由。

寒冷的夜晚，昏暗的牢房，他给狱友上心理治疗课程，鼓励他们活下去；进行无法承担的重体力劳动时，他让自己沉浸于对妻子的深切思念和对学术生活的向往来缓解内心的困苦，才最终挺过了集中营那段残酷非人的岁月。

这种心理技巧叫"**痛苦客观化**"。

我的理解是，即使在糟糕和恐怖的环境里，如果一个人能寻找到有意义的事物，活下去的目标和动力，就能将自我（精神）和环境分离，把痛苦由主观变得客观。外界的痛苦的确痛苦，但它只是转化成你的一部分，真正的你仍然是一个有活力有意志的生命体。

虽然环境依旧是让人痛苦的，但人的自我和精神却能充满意志，创造希望，不被彻底摧毁。如此，才能让一个人挺过艰难痛苦的岁月，即使俯首在尘埃里，也能开出花来。如同弗兰克尔一样，在极端的痛苦中，创造了新的心理疗法。

弗兰克尔的一生，正是发现及践行意义疗法的一生。

如果一个人没有感受到值得活下去的意义，没能承担自己对生命的责任，就容易陷入一种"存在的虚空"状态。这种状态主要以"对生活厌倦"和"对人生感到无意义"的形态表现出来，就是"心无力"。特别是进入 21 世纪，这种人类心灵上的空虚，似乎变成了一种常态。

很多在"心无力"状态下的年轻人认为，自己不管做什么都是徒劳，"没什么用"，所有努力最后都会烟消云散，化作乌有，永远比不上别人。但弗兰克尔强烈反对这种"人生虚无论"。他认为我们每个人一生的所作所为，绝非徒劳。"生命的意义在于每个人、每一天、每一刻都是不同的，因此重要的不是生命意义的普遍性，而是在特定时刻每个人特殊的生命意义……"正如尼采所说，"因自己的行为产生的后果，总会以某种形式与日后发生的事情产生联系。哪怕是遥远过去的人们的行为，也与现在的事情有着或多或少的联系。一切行为与运动皆为不死，所有人的所有行为，即使是最微小的行为，也是不死的。"

意义疗法认为，负责任就是人类存在之本质。对待生命，一个人只能担当起自己的责任，不然就会被空虚淹没。

那么，我们又该怎么去创造自己的意义，找到自己真正为之心动的事物呢？

在《活出生命的意义》一书里，弗兰克尔提到了三种找到人生意义的方式：（1）从事某项事业，并取得成功；（2）忍受不可避免的苦难；（3）去爱某个人，并帮助对方实现潜能。他还介绍了意义疗法中的一个小招数：临终床疗法，来帮助人们去找寻心中的渴望。

想象此时，你已经 80 岁，奄奄一息躺在床上，即将咽下你人生的最后一口气。回首一生，你是否觉得自己的一生有意义？你还有什么事情没有完成？你会觉得遗憾吗？如果有的话，请不要逃避生命的责任，不断地对自己进行追问和实践吧。

"从某种意义上来说，正是死亡本身让生命变得有意义。"

4. 致亲爱的你：不要逃避，找寻自我，直至死亡真正来临

世界上有一种人，他们的自我意识较强，一旦觉醒，就不会甘于，甚至无法忍受被安排的、规定好的人生。

这也许，就是那种"笼子都关不住的鸟"。

如果从出生之日起，就有人把你的人生安排得明明白白，小到日常的衣食住行，大到各种人生决定，一站式服务，包办式人生，不管你喜欢与否，不管结果如何，最后，你度过的，无疑是一种体面但常规的一生。

对这样的人来说，这种人生真的会幸福吗？

总有一天，你会发现这种程式化生活让你深感无趣，你想推开，但又充满恐惧。你早已习惯权威人物的控制，无法摆脱，不能分离。因为精神独立对你来说，意味着对父母的背叛，意味着失去一切，于是自我实现之路遥遥无期。

在空洞、单调而昏庸的消费与功利型社会中，你显得孤独、迷茫、百无聊赖。你失去幻想，毫无方向，甚至陷入严重的生存危机。

丹麦哲学家克尔凯·郭尔早在一百多年前就以他敏锐的心理学洞

察力极其准确地描述了人的这种困境："最常见的使人沮丧的情景，是一个人不能根据其选择或意愿而成为他自己；但最令人绝望的则是他不得不选择做一个并非自己本身的人。另一方面，与绝望相反的情景就是一个人能够自由地真正成为他自己，而这种自由选择正是人的最高责任。"

陷入心无力的人总是会被一个问题困扰：我活着，是为了什么？而每当我有这个疑问的时候，就会用存在主义治疗中经常采用的一种疑问，问我自己："如果你知道下个星期或下个月就要死去，你将会做些什么？你的生活将会有何不同？"

探索人生意义的一群人，是直面死亡焦虑的人。他们是不幸的，因为他们总是要面对自己灵魂的拷问，但他们更是幸运的，因为他们有真正活着的机会，能够深度体验爱和自由，活出自己。

"建造花园者，收获果实。"

存在主义心理学认为，我们要为自己的生命负起责任。行动，才是唯一的方法，才能检验是不是自己真正想要的。

一定不要一直困在自恋或自怜的状态中，我们不是渴望被人搭救的孩子，我们是成年人。尽管有很多问题和障碍，但是没关系，我们可以带着问题生活。只要愿意为自己的人生负起责任，就一定有路可走。

我们来到世上是一个偶然，而死亡是一个必然。在从偶然走向必然的 3 万多天时间里，为了真正地活着，一个人必须全然放开自己。要去了解自己，知道自己擅长什么，真正想做什么，做什么事会有成就感，然后持之以恒，坚持不懈地努力下去。

如若你勇敢地用自己真实的感觉去触碰世界，忠实于内在自我的热爱和渴求，不漫无目的地盲目生活，那么在追求自我实现的过程中，你会发现你的人生慢慢就有了重量，不再那么空洞。有一天，你也会为自己创造出人生的意义。

"直到死亡真正来临。"

第4章

微笑抑郁

亲历抑郁这个"人间怪物"后，
我反而涅槃重生

> 在真正健康的亲子关系中，孩子不会一遍遍向别人强调自己的父母有多好，那种信任和安全感，只会自然而然地在他的撒娇、发自内心的开心、整体的积极情绪里表现出来。

01 高功能抑郁：
表面笑容满脸，转身却只想消失

迷鹿是典型的事业型女性，年纪轻轻就小有成就，是让父母十分骄傲的"作品"。但她在去年却突然抑郁，决定放下工作，选择离职休养。

从离职到现在，她已经待在家一年没有正式工作，只做一些兼职。但她有了一项新的事业——当博主，写文章，在自己的视频频道不断更新自己的抑郁"心得"，反思从小到大的成长经历，分享从入行到月薪5万的奋斗历程，并且真诚地从过来人的角度给刚入社会的年轻人一些建议。她的频道和文章获得了不少人的观看和支持。

父母认为迷鹿这是不务正业，痛心疾首。身边人为她十分担心，认为她患有严重的心理疾病，要马上治疗才能恢复正常的生活。但她对于自己的近况却淡然自若，十分满足。

迷鹿说："我这辈子，从来没有活得这么真实过。"按照她的说法，她是在进行自己的"疗愈与探索"。

与一般的抑郁症不同，迷鹿的抑郁状态属于微笑抑郁（也叫高功能抑郁或心境恶劣）。患有高功能抑郁的人从外表看几乎没有任何异常，工作生活跟正常人没有两样。但能正常工作，并不代表他的整体心理状态是健康的，抑郁的时候也极为痛苦，他们只是努力在坚持。

同时，高功能抑郁者习惯性隐藏自己的真实情绪，去扮演一个正常人。即使在内心极度痛苦的状态下，他们仍可以用微笑来掩饰一切，和人谈笑风生，表现得乐观积极。但那种笑和发自内心的喜悦不同，更多的是努力伪装出来的无奈苦笑。

迷鹿就有这一项特殊技能——微笑面具。面对人群，即使非常难受，她还是能笑得很得体，让人完全看不出来异常。这个武器，让她度过了20多年的"双面人生"，也让她得以逃避内心的真实自我，最后陷入崩塌。

现在，微笑面具已然成为一项很多年轻人都擅长的技能。用微笑包裹痛苦的"过度乐观""内外不一"的状态，也是"心无力"在当代年轻人身上最明显的外在表现之一。

这种伪装性和隐蔽性正是微笑抑郁最可怕的地方。因为平时看不出太大的情绪波澜，生活工作也照常，不仅是同事、家人和朋友，甚至一些专业人士都容易误判一个微笑抑郁者的真正状态。身边人在了解真相后会十分震惊："不可能吧，你看着和正常人一样，怎么可能抑郁！"以至于最后失去，才追悔莫及。

当高功能抑郁者越来越多，当不展露真实情绪，用笑容掩饰一切负面感受成为常态和惯性，你无法想象，在人潮涌动的城市街道，和你擦肩而过，看似精力充沛、努力奔跑、不辞辛劳、微笑打拼的人，实际上怀着怎样复杂而挣扎的心情在生活着。但行为和内在割裂，现实与自我分离，他们的内心终究会陷入不断的冲突、抑郁和无力中。

在一段时间的药物治疗后，迷鹿开始独自寻找自我疗愈的方法。现在，她仍旧在和自己的抑郁进行抗争。但这个痛苦的疾病也给了她一个机会，让她得以重新回顾自己过往的人生，深度理解自己的内心，解决了很多悬而未决的心理问题，也让她树立了新的人生目标和方向。

一年之后，她说："通过和抑郁症的战争与和解，我到达了一个全新的人生境界。这一年，是我人生中最痛苦，也是最神奇的时光，说重获新生，毫不为过。"

从某种角度来说，抑郁也许是自我疗愈和发展的一个契机。它对于每个人应该有自己的意义。而如同迷鹿，面对抑郁，她并没有逃避，而是迎难而上，利用这个机会，最大限度地剖析自己，进行自我救赎。

为何越来越多的人因患上微笑抑郁而变得无力？我们应该如何正确看待，用什么方式应对这样的趋势？为何一个人人恐惧的心理问题，对有些人来说变成了死而复生、重新来过的机会？迷鹿的故事，或将为很多深陷抑郁的人，开启一个特别而全新的视角。

我和迷鹿的对话，就此开始。

02 双面人生：
　　人人都是好演员

迷鹿：其实，这些年，我一直过着双面人生。别人眼里的我，积极上进没有烦恼，但真实的我，有着自我毁灭的倾向，消极而无力。我不喜欢和人过多交流，喜欢自己一个人安安静静待着，但我会装得很健谈，让别人误以为我擅长交际。别人以为我很拼，其实我只想不思进取混吃等死，轻轻松松得过且过地活着，但我会表现出拼命工作的样子，以至于大家都觉得我是个上进的人。有时候我感觉自己像两个人一样，是一个自我分裂的双面人。

林音：你什么时候发现你一直在隐藏真实的自己，变成了双面人？

迷鹿：我一直都有"我，不是我"的感觉。但非常明确地感觉到这一点，是一天有个同事很兴奋地问我："你真的好乐观，每天都好开心啊，我好羡慕你，你是怎么做到的？"我当时很震惊，因为我从没觉得，我是一个乐观的人。这是个天大的误会。后来我想了想，大概是因为，如果我不喜欢一件事或一个人，也不会表现出厌恶的情绪，甚至还会笑得很开心。大部分时候我挺温和，很少提出跟别人不一样的意见，又一直戴着微笑面具，别人就觉得我挺乐观吧。

林音：微笑，好像是很多人自带的万能工具，压抑和隐藏真实的情绪已经变成人的惯性了。

迷鹿：所以有种说法是，"现代人的崩溃是一种默不作声的崩溃。看起来很正常，会说笑、会打闹、会社交，表面平静，实际上心里的糟心事已经积累到一定程度了。他们不会摔门砸东西，不会流眼泪或歇斯底里，也不说话，也不真的崩溃，但可能在某一秒，在某个不经意的瞬间，整个人突然就毫无防备地崩塌了。"

林音：一个人要怎么样才能做到，明明内心那么难过，表面还能笑出来呢？

迷鹿：对我来说，这是一种自动化的回应，像机器一样。还记得有一次，我工作压力太大，心情特别不好，躲在公司的卫生间里哭。我是个要强的人，特别不喜欢别人看到我脆弱的样子。一出来我就马上把眼泪抹干，但还没等我擦完，就有认识的女同事进来，她应该看到了我脸上还有泪痕，眼睛鼻子是红肿的。有一瞬间我很错愕，但我马上就转换了姿态，淡定地和她打招呼，笑得特开心。**那一刻，我实实在在感受到，人是真的可以一边若无其事地笑，一边内心悲伤不已。**

林音：你知道吗？近年来，一种更加隐蔽的抑郁——微笑抑郁的趋势越来越明显。"微笑抑郁者"从外表看没有任何异常，工作生活跟正常人没有两样。但当他和你聊着生活中的小确幸，疯狂安利喜欢的偶像，兴奋地议论要去哪里旅行，充满斗志地宣告未来的人生计划时，已经在心中决定要在何时、何地，以何种方式与世界告别了。

迷鹿：说出来可能没人信。在我之前上班的时候，我经常会想象自己从15楼跳下去，这只是我脑海中的一个幻想。路过我办公室的人，从外表看绝对想象不到，我那一刻想的是这件事情。我爸一打电话来问我怎么样，我就会说挺好的，好像什么事情都没有发生。我说不出来"我很难过""我很痛苦"这样的话。但那时的我，其实已经抑郁和绝望到了极点。

林音： 你习惯了什么都自己一个人承担。

迷鹿： 现在很多人都是这样。从外表绝对看不出他在想什么。上个月，我的一个朋友辞掉工作，因为得了抑郁症。听说她得抑郁症时，我整个人震惊了。因为她是那么阳光的一个人，朋友圈经常分享各种"小确幸"，没有一丝抑郁迹象。反而是我一遇到什么事，她都会第一个来安慰我。**我实在想象不到，一个如此难受的人怎么可以装得那么开心，一个深陷抑郁的人怎么还能去安慰别人。但现在我可以理解了，我也一直在用这种方式假装没事。**

林音： 在抑郁的状态下，那个从来没有人看到的、真实的你是什么样的呢？

迷鹿： 去年下半年有一段时间，我处于最抑郁的状态，那时我什么都不想做，就连吃饭拿筷子都拿不好，瞬间有种"好想毁灭啊"的感觉。这种感觉，只有经历过的人才能懂，没经历过的人只会觉得矫情。我无法继续工作，就请假休息了一段时间。宅在家的那段时间，我基本是饿到极点才吃，困得不行才睡，吃外卖和垃圾食品，情绪性暴食厌食，反反复复，任由自己变胖生病。追了一个又一个电视剧和电影，从早到晚刷微信、豆瓣、知乎、微博……放纵自己。不想出门或锻炼，不想和任何人发信息，不想和世界互动。**在别人眼里，我是浪费生命，消磨时光，但我知道，我是在用自己的方式释放积累许久的压力。这也是最真实的我。我会抑郁，也不意味着我时时刻刻都想放弃自己。**

林音： 看着现在的你，很难想象你也会有这种时候，你真是隐藏得太好了。

迷鹿：现在，大家谁又不是好演员呢。所以，我后来认识到一件事，我们无法通过外在生活判断一个人是什么样的人，经历过什么样的事。很多成功人士，或者你羡慕嫉妒的人，也许并不像表面那样开心。像我的很多朋友，他们都会羡慕我，觉得我过得很好，但他们根本就不知道我内心实际是什么样的，我经历过什么样的故事。我们永远不要通过外表去判断一个人，也不要在没有了解事情真相前评判任何人，因为有一天，你也会知道，被评判的滋味是多么难受。

03 为何抑郁？
谁给你安了一个"乖巧听话"的人设？

林音：你觉得自己抑郁的原因是什么？

迷鹿：我本以为完全是因为一些现实原因——工作压力大、恋爱不顺利等。但后来我发现，这些只是表面。根本的原因是受到自己个性的影响，而个性又跟我的成长经历有关。

林音：你是怎么长大的？你是什么个性的孩子？

迷鹿：总体来说，我是一个很听话的孩子。我一直没有意识到听话这件事给我带来的影响，好像一切都理所应当。但其实，我从小就压抑自己真实的个性。我本来的性格是内向的，在不熟的人面前尤为明显。我不爱和不熟的人打招呼，讨厌和不熟的人说话，容易觉得尴尬，所以每次跟爸妈走亲戚，都觉得特别累。

林音：但你还是要强迫自己去社交。

迷鹿：我的家人觉得，一个人从小就要学习人际沟通和交往的技巧，但其实我和同学、朋友的交往都没问题，我只是不喜欢那种尴尬的热闹而已。一群人明明不熟，还要找话题聊，要装出"谈笑风生"的样子，我很难融入其中，甚至根本不想融入。一个事，大家都在笑，我觉得没什么好笑的，基本面无表情，在别人看来我就是一脸冷漠，好像对他有什么意见似的。因此我常被父母说，"你这样表现会让人不舒服""别人会觉得你性格不好，情商低"……他们给我扣各种帽子。说多了，我就觉得自己不正常，开始强迫自己和别人说话，强迫自己笑，逢场作戏。

林音：所以你从小就被安了一个"善解人意，乖巧懂事"的人设，过早地学会了察言观色，试图让别人开心。别人都误认为你是一个很会交际、很懂人情世故的孩子。

迷鹿：是的，因此，我变得越来越敏感多疑。跟一个人在一起的时候，我会不自觉地想象和推测对方的想法，在很细微的地方觉察对方的情绪。因为总是要照顾他人的想法，我很难拒绝别人的要求，没有自己的坚持。小时候一堆亲戚的小孩一起玩，大人安排了一个任务，大家都不愿意做，最后基本都是由我来做。其他人会直接说"我不要""我不想做"，而我从来不会说反对意见，从不拒绝。我不是不想，就是害怕被说，习惯了。

林音：这样长期忍受自己不喜欢做的事情，控制自己反抗的想法，内心会很压抑吧。

迷鹿：当然压抑。从小到大，我心里一直有一些难以名状的、很闷很难受的感觉。像一块石头一样，堵在心里面出不来。我应该抑郁很长时间了，但小时候我不知道那是抑郁。高中有段时间，我的心好像陷到一个黑洞里，总是感觉天昏地暗。每天坐立不安，提不起精神学习。我真佩服在青春期还能说笑嬉闹、跑跑跳跳的人。我一点力气也没有，我跑不动，笑不出来，仅剩的力气只能维持呼吸。一些再平常不过的小事，比如找不到笔，早起没有合适的衣服穿等，都会让我瞬间崩溃。上课时，大脑会突然出现各种奇奇怪怪却无比清晰的场景：比如幻想教学楼突然向我倾倒，过马路看到车撞飞自己……

林音：那段时间，你应该是抑郁了。但你没有告诉任何人吗？父母呢？

迷鹿：以前我曾鼓起勇气，稍微试探了一下。初中时在学校被孤立，过得很不开心，回家就抱怨了下"天天去上学好累"之类的话。但我只要稍微唉声叹气，就会被父母说"年纪轻轻的，思想怎么这么消极""你现在条件多好，得内心强大一点"。所以，我以后再也没有说过真心话了。

林音：好不容易鼓起勇气，向家人表达内心的痛苦，企图得到一点支持，却被无情地泼了冷水。

迷鹿：对。他们说的这些话，好像是在说，你没有抱怨生活的资格。你生来就应该是个乐观、健康，什么都不恐惧、不退缩、不在意的人。那个身处黑暗、孤独、悲伤、胆小的你，不应该存在。那时我有点绝望，人类的悲喜果然不相通。连所谓最亲的人，都不会理解你。

林音：这让你最终关上了自己的心门吗？

迷鹿：其实那时我有个最好的朋友，但我不想总是把这种负能量带给她。我害怕一遍又一遍地讲我的事情,会把她也带入痛苦的旋涡里。我知道那种感觉有多难受,我不希望她变得跟我一样。没有人应该帮我承受这些。所以我总是尽量不去抱怨,而跟她在一起的时光,是我生命里极少数的、真正快乐的时光。

林音: 看来从那时候开始,你就学会了独自承担,用微笑掩饰一切。你害怕她会因为你的抑郁离开吗?

迷鹿: 也许是吧。那时,她的学习压力很大,为了不影响她,我主动和她疏远了。我只能自己跟自己对话,写日记发泄内心的苦闷。直到高二,有一天我正在家做作业,突然一种强烈的冲动涌上来,我无意识地走到阳台,爬上窗户,坐在窗户边上,两腿朝外悬空。我家在 4 楼,那时还没有封窗。我看着天,天空没有建筑物遮挡,是一种纯粹的蓝色。有一点风吹过,特别舒服。奇怪的是,恐惧的同时,我有种十分释然的感觉:"啊,好久好久没有这么轻松了!"突然,好像有许多双手把我拽下来,按住。父母看到后吓坏了,马上把我弄了下来。还没等我缓过神,他们一顿劈头盖脸地骂我"怎么这么让人不省心"……但我真的是无意识地这么做了。我终于忍不住说"我一直都不快乐,不知道每天这样活着是为了什么"。但他们不觉得有什么大问题,一口咬定,我是因为学习压力太大才会胡思乱想,是想逃避考试的任务。

林音: 为什么?他们是恐惧自己的孩子有心理问题,害怕自己的孩子不正常,才逃避吗?

迷鹿: 应该是的。父母那个眼神变化到现在我都记得,刚开始很震惊,然后是疑惑,难以置信,冷静后下定决心不再相信我说的话。

他们苦口婆心地劝我说："考完高考就好了""你再咬咬牙坚持一下""关键的时刻千万别掉链子"……最后,我妈看我很久没说话,就说"别难过了,你还有妈妈,为了妈妈你要好好活下去,你要有什么事,我们也不活了"。其实我的母亲也是那种比较情绪化的人,我很害怕她哭,我觉得都是我的责任。

林音：这话的确是出于真心的担忧和安慰,但给一个人的情感负担实在太重了,这种内疚可能会压死一个濒临崩溃的人。**最累最难受的时候,在亲人面前还要扮演一个完美小孩的角色,是很让人绝望的。**

迷鹿：所以从那时起,我就彻底不再说自己的心里话了。我学会一件事：不理解你的人,永远不会理解你,即使是你的亲人。千万不要妄图得到别人的理解。但凡你保留一点点希望,结果反而会把你摔得更疼。遇到什么事,我就藏着憋着。不管谁问我,我都说"我挺好的""我没事"。这句话后来就变成我的口头禅。想哭的时候,我会强迫自己把眼泪忍回去,努力挤出微笑。就这样坚持正常上学,和大家吵吵闹闹,好像什么事都没有,逐渐度过漫长的岁月。但实际上,这种情绪从来都没有过去,没有消失,它停滞在那里,让我变成了一个痛苦不堪、阴晴不定的孩子。有时候,莫名其妙地,我笑着笑着就哭了,哭着哭着又笑了。

04 太懂事的孩子，
　　大多不健康

林音：我一直认为,太懂事的孩子,长大后大多不会活得很快乐,心理也不会特别健康。

迷鹿： 因为压抑过度吗？

林音： 一个孩子，应该有属于他这个年龄该有的特征。我曾遇到一个患强迫症的 9 岁女孩。她很怕脏，每天要反复收拾房间，不自觉就喜欢咬东西。她的娃娃都被自己咬烂了。后来我发现，她之前每天要做很多功课，上补习班、弹钢琴、学画画等。她觉得特别累，却从来不会表达出来。我问她："你不喜欢做这些事情，为什么你不拒绝呢？"她回答："不喜欢也要做啊，因为妈妈都是为了我好。"一般人听到这句话会觉得很高兴，"哇！这个孩子也太懂事，太成熟了！"但我的第一个想法是，很可怕。

迷鹿： 这个孩子很像我，我不喜欢的事情，也会逼着自己去做。一般人都很喜欢懂事的孩子，为什么你觉得可怕？

林音： 这不是正常的懂事，是被逼迫出来的。这样的孩子承受的东西太多了，已经超越了她这个年龄能够承受和需要承受的。她才 9 岁。一个 9 岁的孩子是可以任性的。如果 9 岁的孩子能够在生活里有一些小任性，能够发表自己的意见，能够拒绝和反抗，那么就代表着她是健康的。可如果她总是强调"妈妈都是为了我好"，说明她在平时的生活里已经做了很多自己的心理建设工作。我后来才知道，一旦她有做得不满意的地方，或者不情愿去做，她的母亲就会立刻发火，但发完火又会后悔，抱着她捶胸顿足，崩溃大哭，对孩子说"妈妈都是为你好"。所以每一次，她不愿意做一件事情，觉得十分痛苦的时候，就会给自己洗脑：父母都是为了我好，是为了我好。

迷鹿： 她已经不是一个孩子了。

林音： 是的。这种自我疏导和自我心理建设，是成年人才会去做的。她还时刻观察着母亲的情绪。每次惹母亲生气后,她总是自责。她还会写一封道歉信说:"妈妈对不起,我不会再惹你生气了。"她告诉我:"每次妈妈因为我而生气,我就觉得她心里长出了一个瘤,生气一次,这个瘤就会长大一点。"她希望这个瘤不要再长大了。这种听话是好的吗?不,非常不好。我只觉得难受。这个孩子承受了她这个年龄不应该承受的心理负担。

迷鹿: 她像是她母亲的心理咨询师,在给容易情绪崩溃的母亲做治疗。

林音: 在真正健康的亲子关系中,孩子不会一遍遍向别人强调自己的父母有多好,那种信任和安全感,只会自然而然地在他的撒娇、发自内心的开心、整体的积极情绪里表现出来。如果他需要一遍遍告诉自己父母有多好,这意味着他早就已经没有办法承受现实了。他的懂事是迫不得已的,是这个环境必须要让他去懂事。这样压抑的生活,怎么会健康呢?长大后,又如何会幸福呢?所以我跟那个孩子说,我希望你不要那么懂事,我希望你任性一点,多照顾你自己的感受。你的母亲是成年人,她也许需要帮助,但这个角色不应该你来扮演。而且你也需要帮助,需要关心。这也是我想对所有过于懂事的人说的话。

迷鹿: 这是第一次,有人告诉我,你不要那么懂事,你要任性一点。如果早一点听到这句话,或许我不会这么多年,在旷日持久的压抑中,变成现在这样,感觉自己是特别无力的存在。现在,我真的想成为一个有力量的人,我想活出自己。

05 抑郁是因为太脆弱？
不，是因为太坚强

迷鹿：如果一个人说自己抑郁了，对方大概有三种说法。第一种是"你也太脆弱了吧""你只是想逃避现实"。一个人已经很努力地生活，还要被说不够坚强。第二种是说"现在人没事就得抑郁症"，认为你是爱装，想博流量，获取同情心和注意力。第三种是说"你是不是把这件事想得太严重了"，认为你的认识是错误的，你就是普通的心情不好，自己把问题严重化了。"你也太脆弱了吧"，是我最常听到的说法。

林音：很多时候，击垮一个人的不是生病这件事，而是别人对这件事无知的看法。

迷鹿：对。本来抑郁这件事，我可以面对，但这些误解让我觉得非常气愤。

林音：你觉得人是因为脆弱才抑郁吗？

迷鹿：也许吧，我从小到大就被说是一个敏感、多愁善感、想太多的孩子。但可笑的是，一开始我不是这样的，是慢慢被"驯化"成了这样。我也想做一个真实的人。但我得工作，得生活，环境逼着我扮演正常人，我没有办法表现出真实的想法。从小到大我都是这样过来的。如果你表现出不高兴，说一些消极的话，别人就会觉得你特别负能量。所以我完全没法说出口，永远报喜不报忧。

林音：我认为是反过来的，**内心生病不是因为太过脆弱，而是太过坚强。**

121

迷鹿： 为什么？

林音： 抛开各种争论，只说我在生活中的观察，有三种类型的人很容易患上微笑抑郁。首先是太坚强，又太要强的人，容易抑郁。为什么一个人表面一切安好，内心却早已百孔千疮？因为不管面对什么，他都强迫自己必须要好起来，必须坚持下去。这样的人大多是完美主义者，对任何事的要求都很高，对自己的要求更不用说。他总觉得，这件事不做好、这个任务没完成好就不行。他们从小就被高要求，有根弦一直绷着，绷到一定程度，肯定会断。他的抑郁，绝不是一朝一夕形成的，是因为身上有些担子扛得太久了。

迷鹿： 我感觉自己从小到大，我的大脑中一直有根紧绷着的弦。这根弦让我能够努力学习、工作和生活，没有放松的时候。但努力到后来，我找不到奋斗的意义，这根弦突然一下就断了。所以从去年开始，我就抑郁了。一直以来，我都是让父母引以为傲的孩子，我听话、懂事、成绩好，做什么事情都全力以赴，很少放弃。但他们根本不知道，那个真正的我，是多么颓废，多么想要毁灭。

林音： 你只是把早该在幼年、少年、青年时期出现的抑郁，推迟到现在才爆发。你已经坚强很久了。其实，太有责任心、同理心，总是为别人着想的人也特别容易患上微笑抑郁。本来一件事，不归他负责，他也会尽心尽力。太有责任心、有良心的人，内心承载的东西太多，心里放不下。因为能敏感觉察别人的情绪，所以总是为他人着想，忽略了自己，导致有太多的情绪损耗，加上自己的付出没有被看见，得不到相应的回报，总是感到十分失落。

迷鹿： 我发现，我身边那些特别自私自利，只顾及自己利益，甚至打破底线的人很少抑郁。大概是因为他们只管自己，没有那么多情绪上的消耗，良心上的不安吧。

林音： 是的。最后一种容易患上微笑抑郁的类型，就是太善良，太温柔，但是没有明确边界的人。如果一个人的善良没有边界，温柔没有锋芒，一旦遇到什么事，就会觉得是自己的错。他特别害怕给人添麻烦，遇到不公平的事，也不会和人争论。表面上看，他接受了现实，实际上内心肯定是委屈的，人肯定就无力了。当然，容易患上微笑抑郁的人还有其他很多特征，这三种是比较典型的。

迷鹿： 我那位抑郁的朋友就特别善良，非常害怕给人添麻烦，不会让别人帮她承担。她一直没说自己有抑郁症，跟谁都没说，医院自己一个人去，咨询一个人找，什么都自己一个人扛。她努力隐藏，压抑自己的痛苦，就是不想麻烦任何人。结果她身边的人知道这件事后，不理解就算了，还说她脆弱。"现在的孩子没经过什么大风大浪，就是苦吃少了，才这么经不起挫折，我们那时候哪有这么多毛病……"在他们眼里，只要没被饿着，有手有脚，身体健康就不会抑郁。被说多了，她也会疑惑，自己是不是无病呻吟。

林音： 你现在仍这么认为吗？你的抑郁是在无病呻吟？

迷鹿： 不。每一时代都有每一个时代的挑战。这个时代，精神领域的挑战是人类现在共同面对的重大议题。几年前的报告就显示，全球有 3.5 亿抑郁症患者。这还只是确诊的数字，潜在数量更多。从数量上来说，说它是心灵的感冒毫不为过，只是难以治愈而已。所以真正脆弱的人，难道不是那些不敢直视生命真相的人吗？

06 微笑面具有好处？
要克制情绪，更要学会表达

林音： 有人说，如果要在社会上很好地生存，一定要学会伪装，戴上"微笑面具"。你觉得呢？

迷鹿： 在一些情况下，你的确不得不去扮演一个正常人的角色，把那些负面情绪都隐藏起来。因为没有好的背景，好的家境，没有主角光环，一个人就会有很多生存焦虑和恐惧，会担忧和顾虑很多。说实话，谁不喜欢单纯可爱的人呢？但在社会上，这种状态不能保护我们。你得学会忍耐，避免冲突。但这也不意味着，你完全不能做自己，完全要把自我给抹去。

林音： 你是什么时候改变了自己的想法？

迷鹿： 我以前是一个特别回避冲突的人，很难表达出真实的想法。别人说什么，我都会尽量附和，不会提什么反对意见；因为父母总教育我，"你少惹麻烦""少跟人起冲突""不要总出风头"。虽然某个人的做法特别过分，我也是用微笑来代替一切回答。但我发现，如果你完全地人云亦云，没有自己的主张，害怕做自己，总是掩盖自己真实的情绪，你的"微笑面具"就会让人觉得你好相处，但反过来，也会让人觉得你好欺负，觉得你是个没有自己想法的人。别人不会尊重你，你自身的状态也会变得糟糕。

林音： 所以，人还是要学会做自己，只是要注意表达方式。

迷鹿： 是的。做自己的感觉，真的很好。对我来说，有个革命性的转变，是公司有个上司屡次抢走本该属于我和一些小伙伴的功劳，她甚至不是我们部门的，却总是针对我，打压我，喜欢邀功。以前面对不公平的待遇和做法，我明明气得要死，却没有办法去反驳，最后都一笑了之。有一天听到某个同事跟她对质，我才发现，原来人还可以这样说话。那一刻，我反思后觉得自己是个过于压抑真实的人。所以我人生第一次，对那个上司提出了意见。我说，你每次只强调自己的付出，不太合适。希望你可以尊重别人的劳动，尊重别人的感受。这是我第一次这么做，但这样说完之后，她收敛了很多，而且我心里好像有个什么结，突然给解开了。

林音：通过做自己，让你压抑的，堵在你心口很多年的那块石头，落地了。

迷鹿：通过这件事，我恍然大悟，"原来做自己是这种感觉啊"，我早就失去了做自己的能力。我们总是喜欢调侃说：恭喜你，你是一个不动声色的大人了，你学会控制情绪了。这或许不是控制，只是麻木。必须承认，"微笑面具"对于一个人在社会上的生存、做事是有用的，甚至在某些环境里是必须学会的技能。这个面具让你得到诸多"好处"，让别人觉得你性格好，人缘好，对你的事业发展有帮助。但这不意味着，在任何时候都要这么做。现在我就不想装了，我累了。我不笑又不犯法。**其实我们没必要时时刻刻那么紧张，没必要时时刻刻伪装，没必要这么委曲求全，没必要毫无底线地压抑内心的情绪和想法。**你可以适当合理地表达，连适当的冲突都是非常好的。

林音：老一辈教会我们"察言观色"，有他们自己的经验教训，但也有很大的局限性。他们只看到好的一面，却没警惕这种观念和做法长此以往对一个人内在精神的本质改变。从你步入社会开始，就要戴上一个叫作"成熟"的面具，逼着自己当面一套背后一套，又要拿捏分寸，阿谀奉承。一开始你是为了生存，后来逐渐远离初心，慢慢就变成一个自己不喜欢的人。

你明明不是这样的人，但为了适应环境你学会用另一套方式和人打交道，努力让别人觉得舒服，扮演一个社会和父母需要的角色。人的自我一旦压抑得太深，走得太远，就回不来了。如果没有足够强大的内心保持内在的平衡，微笑面具会渐渐演变为你内在的一部分，直到脱不下来，和你的面具融为一体。伪装到最后，本真的自我开始支离破碎，失去了自己清晰而真实的感觉，你会不知道自己是谁，也失去对世界的热情和活下去的动力，陷入孤独和抑郁。

迷鹿：所以这一年，我都在尝试着去脱下这个面具，让自己还原成本来的样子。这个面具，我戴了整整28年。虽然非常艰难，但我不会放弃。

林音：我想，每个人的一生，都要学会平衡社会需要和真实自我之间的关系，这一直是大部分人必须面对的难题。

迷鹿：对。我在这上面吃过亏，我是过度地适应社会需要，符合他人的期待，而压抑了真实自我，才走向了抑郁。而有的人是太坚持自我，但又没能走出自己的一条路，最后陷入现实与理想的冲突之中，也容易抑郁。

林音：这个平衡点或许在于，我们需要把"微笑面具"看成一个现实需要的工具和技能，你可以戴上它，适应现实，也需要适时脱掉它，不能让压抑形成一种惯性，融为你个性和内在的一部分。接纳自我是最本质、最底层、最核心的内在力量。这种稳定的内在力量，会支撑你处理和面对不同的环境和挑战。虽然要经历一个艰辛的过程，但你需要面对自己真实的状态，特别是负面的情绪，接受它的存在。然后，分场合，分情况，分人和事，有选择性地表达。

07 抑郁是怪物？
不，它或许是一个人涅槃重生的机会

迷鹿： 以前我非常逃避负面情绪，只要一有负面情绪，我就会立刻转移注意力。但抑郁之后，转移注意力已经无法帮助到我了，它逼迫我必须要做出改变。我意识到，我不能再逃避自己内心的问题，我必须去面对。虽然它让我极度痛苦，但我隐隐约约觉得，它也是来帮我的。

林音： 它在如何帮助你？

迷鹿： 这一年，因为生病，我不得不停下来，去反思我的人生，走入内心深处，挽救自己。为了让自己好起来，我看了很多资料，翻看自己写的日记，我发现，我痛苦的原因不仅仅是工作压力太大，或是人际关系太复杂，等等，而是可以追溯到很久之前。在我上小学的时候，就想过关于自杀的事情。我好像第一次重新认识了我自己：原来我是这样的人，原来我是这样长大的。我意识到，我一直都戴着"微笑面具"，也明白了，为什么一直以来我都过得很不快乐。

林音： 你开始真正理解和了解你自己了。

迷鹿： 对。我第一次理解了：我并不是一个糟糕的人，反而我很坚强，也一直特别努力。抑郁逼迫我去看向我的内心深处，面对那些伤害过我的人和事，我曾经想要自杀的经历，甚至逼迫我理解和接纳自己的"阴暗面",拥抱那个受伤的自己。可以说,这段经历是我生命中的重要转折。我开始明白,负面的东西,也有属于它的意义,也许我们不应该一味地逃避。

林音:人人都有逃避负面情绪的倾向,本能觉得它们是完全糟糕的事情。但人类能进化到现在,是因为我们对即将面临的,或者潜在的危险信号是有敏锐感知的。敏锐度越高,越容易存活,所以一味排斥所谓的"负面情感"是很危险的。而同样,抑郁也是来传递信号的。我认为人之所以会抑郁,必定是他的内心已经压抑很久了,痛苦很久了,但我们一直都没有引起重视,一味地逃避。**抑郁状态是你的内在用这种方式提醒你,你的心理状态不太健康,你的生活需要改变,你该面对真实的自己,该照顾好自己了。**你不应该再继续压抑,游离在丧失自我的状态。它是一种你的内在本能的宣泄方式。

迷鹿:所以,它有一个"心理信使"的作用。

林音:对,但还不只是"心理信使"。很多人觉得,抑郁是洪水猛兽,是可怕的怪物。从内心的感受而言,的确如此。抑郁是一种特别没有力气,做什么都感觉不到动力,活着没有任何生机,连呼吸都觉得累的感觉,可以说"生不如死",我自己也体会过,所以非常清楚。世界上没有一种病,会让人如此无力,但它也是能让人找到内心问题真正原因的机会。它为什么会出现?它想告诉你什么?究竟是它让你这样,还是你的个性、过往的经历、面对的环境、内心的创伤,才是真正让你生病的原因?**理解抑郁,不仅是理解表面的痛苦,更是一种对人性最深刻的体察与接纳,是更高心理维度的自我疗愈。**

迷鹿:其实我已经抑郁很久了,一直在和内心的"魔鬼"做斗争。

但只有这一年,这个魔鬼并不像我之前想象的那样面目可憎,它好像是我的一部分,在替我呐喊和申冤。尽管现在,我仍然和它在"斗争",但不是那种纯粹的对抗,而是在斗争中理解自己,在挣扎中拥抱自己,在对抗中变得强大。最后,在我真正了解自己之后,我想挽救我自己,我不想放弃人生了,我明显感觉到,我变得强大和自爱了。

林音: 这么多年,你承受了太多不应该你来承担的责任,从来没有其他人真正了解你内心的感受,你经历的故事,你的挣扎,只有你自己,只有你一个人。所以,你内心的某个部分看不下去了,它承受不了那么长期的痛苦积累,于是创造了"抑郁"这个"怪物",它让你生不如死,但你也通过对它的解构、改变,自我突破,涅槃重生。从这个角度来说,这是一个自我疗愈的重要契机。

迷鹿: 在抑郁极为严重的情况下,人不会想到任何办法帮助自己。可是,在我不那么难受的时候,我开始意识到,它并不是外来入侵的"病毒",而是我内在的、身体的、心理的一部分发生了"变异"。当我醒悟这一点,我对抑郁的认知发生了彻底的转变,而这个转变,也是我能够在这段时间疗愈自己最为重要的原因。

林音: 所以,我一直认为"抑郁"并不是彻头彻尾的失败、颓废、悲观。你拥有它并不意味着你是个无可救药的废人,只是在人生的某个时间段,某些时刻,你感觉到了一股撕扯你的无力感。像一股无法抗拒的力量,突然把你拽入深渊,让你失去前进的力量,**但同时,这也是一个重要契机,让你能够看到内心遭受的伤痛。在最深的人性之海里,你看见了自己,你和自己并肩站在一起,不断自我超越,走向新的人生。**

08 抑郁可耻？
身边人的无知，是压垮抑郁者的最后一根稻草

迷鹿：我时常听到一个说法，不要去强调自己"有病"。但"生病"不是很正常的事情吗，谁的身体又是完全健康，一点毛病都没有呢？心理也一样。

林音：的确，有人的地方，就有心理问题。我从未觉得，有多少人是真正心理健康的。不管有些人如何伪装，甚至歧视正面应对心理问题的人，这种反应，恰恰体现了他的不健康。

迷鹿：既然大家都有"病"，那为什么要逃避？那些指责别人不应该抑郁的人，他们不会有这种时候吗？难道你能保证，你一辈子都不会生病，每时每刻都很阳光，一辈子都顺风顺水？还是遇到任何事都十分坚强，无所畏惧？我不信。可能他们自己也有这种时候，只是因为无知，没有认知到自己的"抑郁状态"，或者不敢面对，就假装什么都没有发生。不说抑郁症，单说"抑郁状态"，难道不是几乎每个人都会有的吗？我现在觉得，这件事很正常，而且越来越日常了。

林音：你觉得有些人为什么把抑郁视为洪水猛兽，视为可怕的怪物？

迷鹿：因为有强烈的病耻感吧。他们觉得"抑郁症"很丢人，恐惧别人的评价和眼光。上一辈的大多数人，都活在别人的眼光和评价里，如果被发现孩子有抑郁症，会害怕被看不起。当我父母知道这件事的时候，他们说，你千万不要让别人知道，会影响你的工作和恋爱。没有人会想和一个这样的人谈恋爱，也没有单位会想要这样的员工。他们觉得如果不融入集体，显得格格不入，就无法生存下去。总之，

这是一件非常见不得人的事。

林音： 我们的潜意识里也有一种强大的集体意识，就是一个人必须跟其他人保持一致，才是安全的，才不会被攻击，被评价。这让他们害怕做自己，害怕发表自己的意见，害怕独立地思考。集体意识有好的地方，但有时候并不是大部分人认为的就是对的，我们得客观和理性地看待。不然，偏见就会害死一个人。而今天，有越来越多的人接纳抑郁作为一个合理的存在，就像"心灵的感冒"一样，那种固有的排斥和偏见早就不合时宜，也不尊重人性。

迷鹿： 我听别人说过一个故事。很多年前，那时对抑郁症的认知还不成熟，误解很多。有个女孩因抑郁症吃了安眠药，近乎昏迷，母亲打120来抢救。被送进医院前，身为医生的母亲哭着对旁边的人说："不要送入我工作的医院，如果被人知道我女儿自杀，我的老脸往哪里放啊！"几乎昏迷的女孩还是听到了母亲那句话，从此，每一次呼吸，都多了一分寒意。我不知道这位母亲多年后，会不会后悔自己曾经的无知。但我知道，这种内心的寒意，来自最亲的人的看不起，那种伤痛会弥漫一个人的一生。

林音： 对一个人来说，比生病更大的痛苦，是身边人的不理解，这才是压垮一个人最后的稻草。曾经有个女孩患了抑郁症，请母亲带自己去看医生，母亲不想带她去医院精神科，觉得这地方"很恐怖"，是有病的人才来的。我说："如果她非常强烈地希望，您也可以尝试一下。"母亲始终不愿意，最后找到咨询师。她始终抗拒说出"抑郁症"这个词，坚持觉得自己的女儿只是没有朋友，感到孤独而已，最后带女儿逃离了咨询室。其实很多时候，治愈一个人最大的阻碍不是来自当事人自身的阻抗，而是他周围人和环境偏颇的评价和异样的眼光。

迷鹿：你知道有个叫 Jess 的女孩吗？我特别喜欢她。她是 MIT（美国麻省理工学院）的学生，会多国语言，曾被 3 名心理医生确诊为 DID，在美国精神疾病诊断标准中，被称为"分离性身份识别障碍"，即多重人格障碍。她自称身体里有 6 个人格，在视频网站上讲述自己的多重人格经历。看完她的所有视频，我发现：所有人格都只是 Jess 的保护者。Jess 小时候父母离婚，妈妈出走，留下她和爷爷奶奶生活。4 岁因生命受到威胁，生成 6 岁的小哥哥人格保护自己；13 岁，因为校园霸凌，生成同岁闺密的人格保护自己；后来又因恐惧生成一个理性毒舌的人格保护自己；因为缺爱生成 31 岁妈妈的人格保护自己……所有的一切，都是为了更好地活下去。她不强大吗？不，我觉得她十分强大。

林音：其实，这所有所谓的病症，都是她为了活下去而采取的自我保护机制而已。**所有的病，同时也是药**。当一个人受到巨大的伤害和冲击，又没有人来保护，为了活下去，她从自身力量中变出不一样的自己，保护自己，陪伴自己，让自己不至于被现实的痛苦撕裂成碎片。我们每个人都会这么做。只是我们足够幸运，没有遭受这样剧烈的伤害。

迷鹿：就是这么坚强的人，她的家人却觉得她很丢人。当她回到韩国，就连她自己的亲生父母也觉得她不应该把这件事情说出来，亲戚也在怪她，觉得羞耻。还好她没有受影响，没有认为是自己的错。最后在不断地努力下，她终于治好了这个病。

林音：这当然不是她的错。如果没有这样的过往，她不会开启自我保护的机制，也不会"开发"自己的人格。

迷鹿： 所以她特别酷地反击这些人：你觉得羞耻，就继续这样觉得吧。"这不该是受害者的错，应该是加害者的错。"她说，也许你也得了心理疾病，这如此平常，只是你自己不知道而已。她分裂出毒舌 Quinn 的人格怒怼那些发恶评的人："你们的评论太白痴和愚蠢了！我只是诚实地记录我们患心理疾病的过程。"她是强大的，她从来不是一个脆弱的人。我一直很疑惑，为什么有些人觉得这样勇敢的人活得很"羞耻"？这可怕的"病耻感"来自哪里呢？

林音： 当人无法面对真实的自己时，他也无法面对真实的别人。当我们对自己感到羞耻时，也会觉得别人很羞耻。事实是：一个得癌症的人，选择忍受化疗，有人会说坚强；一个残疾人，不放弃人生努力工作，有人会说勇敢；一个心理疾病患者，拼尽全力自救，但从没人称赞他，只会"安慰"他不要这么脆弱。有人最终扛住了，康复了，有人没有，但也尽了自己最大的努力，不需要被人恶意评价。而每一次不理解，每一份羞耻感，都在扼杀一份想努力活下去的勇气。

09 克服抑郁：
爱是最好的药，最后的堡垒

迷鹿： 我一直有件事无法理解，我们一直说爱一个人，是当你很好，很顺利，很成功，很听话的时候，那个人会爱你。可当你有难，陷入人生泥沼，想要放弃自己的时候呢？那些口口声声说爱你的人，反而会隐形，甚至会把你推到一边。所以我在想，是不是一个人要很成功，要乐观开朗，才能够被他身边的人接纳？如果你只愿意跟我同甘，而不共苦，那这还是不是爱？

林音：很多人的爱是有条件的。你听我的话，达到我的要求，我才爱你。我觉得，这是"假爱"，只是"以爱之名"而已。之前有个27岁男孩告诉我，他一直都特别努力，好不容易今年付了一套房子的首付，正要努力还房贷的时候，自己的心理却出现了状况，因为一直以来压力太大了。他想回家休息一段时间，再换一个压力小的工作，但他父母觉得他是不想结婚，不想努力，所以找借口来逃避。父母不理解，为什么你27岁还没有结婚，为什么房子刚买就要换工作，就是因为你不想努力。他们拒绝让他回家。如果你没有女朋友，就不要回来，如果你换工作，就不要回来。

迷鹿：所以这是"爱"吗？在我看来，人只有痛苦到一定程度才会抑郁。其他的时候，但凡能坚持的，就一定会坚持，实在坚持不下去了，才会选择逃避这种方式。如果对一个站在悬崖边的人说，你这是不负责任，不珍惜生命，你得坚强一点，我会觉得他更想跳了。他本来就觉得自己是社会的负担，家庭的负担，所有人还在指责他，那就真的无路可走了。

林音：我想父母那一辈的人很信奉坚持，所以不希望孩子轻言放弃。我们没有办法预测，这个男生的人生选择会造成什么样的结果。他换了其他工作，是不是更好？如果早点结婚，会不会更好？也许更好，也许更糟。但很重要的一点是，在他最需要你的时候，你有没有站在他身边。家就是一个安全港。除了是共同协作的社会"小单位"之外，家是什么呢？家是一个容器，一个可以容纳你的特别，回应你的悲伤的地方；是一个你受伤时，保护你的自我，你迷失时，能让你回归自我的地方。所有的社会关系存在最重要的原因之一就是，当你需要的时候，会有人去帮你，在你深陷泥沼的时候，会有人拉你一把。

迷鹿：我想起一个很扎心的对话。一个人问另一个人，"你总说爱我，但我感到你甚至一点都不喜欢我，你总是挑剔我的各种毛病，这是为什么呢？"对方回答说，"我是希望你成为最好的自己。"这个当事人又说，"如果，这就是最好的我自己呢？"真正的爱不应该是这样吧。如果这个人发展得很好，他很年轻，很帅，实现了财富自由，有很高的社会地位，我觉得所有人都会爱他，有血缘的，没有血缘的，都会围绕着他。可是这个跟爱没关系。你过得很好，所以我就爱你，你过得不好，我就嫌弃你，不愿理你，这完全就是投资与回报，利益交换。

林音：很真实，很扎心。为什么这个男生抑郁？因为他觉得，我多年的努力都被踩在脚底，一文不值，我的辛苦和挣扎没人看见，连我最亲近的人都不理解。这种打击，来自声称世上最爱你的人，杀伤力是爆炸性的，所以他挺绝望的。**摧毁他的最后一根稻草，不是糟糕的心理状态，而是在这种状态下，无意中"落井下石"的身边人。**我想起有个电影叫《丈夫得了抑郁症》。当丈夫得了抑郁症之后，他的亲哥哥，还有其他的家人都对他说，"你要快点好起来，这个家以后就要靠你了！你怎么能垮呢！"意思就是，你不能这么颓废下去了。

迷鹿：我想，他已经很努力了，他也想快点好起来。

林音：是的。不过幸运的是，他的妻子不这么想。她看到一个从昭和时代留存下来的烧制的玻璃瓶，突然明白：不碎，就是这个玻璃瓶的价值所在，人也一样。她回去就对丈夫说，**一个人最大的价值，就是活着本身。只要不碎，就是你的价值。**他的妻子让他辞职，还对他讲了一句话：不管发生了什么，你都不要努力了。她觉得，是因为丈夫太努力了，才会生病。她的丈夫是个完美主义者，在工作上兢兢业业，什么事都要做到最好，从不马虎；对家庭十分照顾，全力支持妻子的梦想，让她可以毫无负担地做自己想做的事。当他抑郁之后，他觉得对不起社会，对不起家庭，对不起所有人，自己很没用，所以一度想要自杀。在妻子的鼓励下，一年之后丈夫渐渐好转，走出了抑郁。

迷鹿：你看，人很奇怪。当你拼命想要一个人好起来，不断地给他施加压力，他内心反而没有前进的力量。可是当你放开手，让他放轻松，拥抱他的痛苦，给他时间去治愈的时候，他反而有了力量变得好起来。

林音：因为活得太用力了，就是他生病的原因。我觉得，抑郁症是一种十分日常的存在。它在一饭一蔬、一笑一怒之间，侵蚀着最平凡的生活，考验着最深的人性。而爱，永远是最后的堡垒。

10 疗愈的本质：
我爱白天的你，也爱黑夜的你

迷鹿：其实这一年，我遇到过这样一个人，他的存在让我彻底理解了"爱"，也是促使我走出抑郁的重要原因。

林音：他是一个什么样的人？

迷鹿：他曾经和我一样，也抑郁过。我们在一个场合遇到，他看出来，我不像表面那么开心，就像你能看出我眼里的悲伤一样。他对我说了一句话，他说，你不笑的时候也挺好的。我愣住了。原来，是他看到我笑完之后，脸色会突然一沉，觉得我很累，他说他也是这样的，以前会习惯性掩饰自己。但是有时候你不笑，也不会让人觉得不舒服。每个人都有陷入低潮的时候，他自己有时也会觉得自己挺失败的，但在我看来，他已经是一个人人羡慕的成功人士了。

林音：终于有一个人，能看到真实的你了。

迷鹿：是的。当时，我跟他说了很多关于我的家庭，我的创伤，我的童年，我在乎的那些人和事……我诚实地告诉了他。他没有劝说，没有鼓励，也没有评论，什么都没有做，只是静静地听我说。他不会去用同情或另类的眼光看我，这让我觉得很安全。我可以在他面前做真实的自己，好的坏的……那些从未向人提起，不敢提起的抑郁过往，别人难以理解的想法，他都非常自然地倾听和接受。

林音：人其实是很容易感动和疗愈的生物，哪怕只有一瞬间的理解，但是这一瞬间可能就能让人想要好好活下去，想要重新开始。当**我们生病的时候，需要的不是"加油"，不是努力，不是以自以为他好的激励方式，而是简简单单的陪伴、安安静静的守候和不带评判的接纳。**

迷鹿：这就够了！这就是最好的疗愈。以前我不是很懂"爱"。当我抑郁的时候，我时常感觉，自己身处一个巨大的沙漠里，没有任何人陪伴我，理解我，孤独得想吐。后来我明白了，我之所以抑郁，也是因为别人给予我的"爱"，都不是我想要的；而我想要的爱，又没有力气去争取。

林音：在我看来，一个人"心无力"的根源，就是缺爱。为什么在现实生活中，爱总是伤人？因为很多现实情况是，我们总说爱一个人，但又不去理解他的生活方式，理解他的内心，认同他的人生追求，反而排斥他所喜爱的事物，攻击他的兴趣，最后让他不得不戴上面具去面对他人和世界。不管是父母，家人，朋友，还是恋人，这种爱都是架空的，是你自认为为他好，实际上你根本就不认同他，不接纳他。这种爱掺杂了太多的偏见跟权衡利弊，所以很容易崩塌。不管是父母之于孩子，还是恋人朋友之间，关系无法根深蒂固，也容易生厌腐朽。

迷鹿：所以最后，很多爱都变成了恨。我对那个男生说，"假如我告诉你，我的家庭没有外界看到的那么幸福，我没有表面那么开朗，我其实是一个特别容易悲观的人，这些都是我装出来的，我其实不想努力，只想做一个混吃等死的人，你会有什么感觉？你会不会想远离这样负能量的人？"

林音：他怎么回答？

迷鹿：他回答："你要明白，真正爱你的人爱白天的你，也会爱黑夜的你。"

11 你是普通人，也是勇士

迷鹿：这一年，我分享自己经历的时候，很多人会有共鸣，会鼓励我，给我留言。我真的觉得，很多人都一样。我们都是普通人，都在现实中挣扎。自从我知道我不是一个人后，我确定了一个事实：**身处这个社会，崩溃太常见了，不被理解太常见了，害怕处理和维系关系太常见了。**谁不是每天体内无数的乐观和悲观因子在厮杀争斗、你死我活呢？又有多少人能说自己是彻底心理健康健全，完全没"病"呢？长期以来，我认为别人不会接纳我负面的部分，所以选择用微笑隐藏，不知不觉成为一个"微笑抑郁者"。但当我理解我为什么抑郁后，我认识到，自己挺不容易的。我开始觉得，和"抑郁"抗争这件事非但不丢人，反而有点厉害。

林音： 如果你能告诉别人真实的你是什么样，你会怎么说呢？

迷鹿： 我想告诉所有人，他们看到的，并不是完全真实的我。我其实是一个可以很丧的人。我会突然不想为人生做任何努力，对那些打鸡血的事情感到无比厌倦。那些无忧无虑，开开心心，兢兢业业，努力上进，通通都是我咬着牙，憋着劲装出来的。**实际上我很怯懦，会敏感，会生病，会受伤。我没有传播负能量，我只是在救我自己，用我认为对的方式。**

林音： 所以你才想把自己的经历分享给更多的人。你想让和你一样的人知道，他们不是一个人在战斗；而抑郁，也不像我们想的那样，只有痛苦和不堪的一面。你也想让那些不理解的人觉醒，他们是多么无知。

迷鹿： 对。很多人到现在都不觉得他们的做法是有错的，观念是狭隘的。我希望那些曾经攻击别人的人认识到自己的错误，认识到自己给别人的一生带来了怎样的影响。即使他们不为所动，我也会坚持发声。

心理疾病是一个属于全人类的问题，每一个人都可能面对，不是特殊人群才会有的。你身体会生病，心灵同样也会生病。当这个问题越来越普遍化，就变成一个日常问题，原来的认知和标准已经不适用了。我会继续努力，呼吁尊重一个人的真实的心理状态，让更多的人意识到，不能把心理问题污名化，不能逃避现实。我不会向任何一个攻击抑郁症，或者心理疾病、心理问题的人和观念妥协。

林音：作为一个和抑郁"抗争与和解",有希望重获新生的人,你想对和你一样,处在抑郁境地,独自抗争的年轻人说什么呢?

迷鹿：不要像曾经的我一样活着。我们只是在生活和成长的过程中,迫不得已学会顺从和伪装,这并不代表着要抹杀那个真正的自己。我希望你可以肆无忌惮地做自己,不要活得那么小心翼翼。开心就撒娇任性,不开心就吐槽发脾气。做一个想笑就笑,想不笑就不笑,想说什么就说什么,是什么样就表现出什么样的人。表达真实的自己,是我们理所应当的权利。至少,在你能够真实的时候,你是一个活生生的人,而不是一具冰冷的躯体。也许你现在很痛苦,但当你发现和反思你的"微笑抑郁",不断治愈自己时,你就开始变得更自主,更真实,更有力量。

林音：现在你变得越来越好了,你未来的目标是什么呢?

迷鹿：我想追求一个面对抑郁,面对生病,能够拥有正常态度和合理讨论的世界。用 Jess 说的话对一些死板的人结尾:"你应该走出专属于你的那个无知的世界,你应该接受在这个世界上会有人患心理疾病的事实,他们不是疯子……你可以对它保持开放的态度,让公众能够认识它。"我们不需要做到多么深刻的理解,只需要理解一个事实:心理问题不是某一个人的错,它是我们所有人现在和未来共同面对的挑战。

心理 锦囊

从什么时候开始,发自内心的表达被习惯性压制,身为"人"的真实感觉被麻木地剥离?为什么"微笑"成为成年人面对一切负面情绪的人格面具？

我们看到越来越多的年轻人在生活中选用"微笑"这种方式伪装自己，而回避真实的自我。作为个人的防御机制，这种方式的确可以让他们得到某种心灵上的保护，但又不得不让人担忧这种过度的掩饰会造成更多的人生悲剧。

这些悲剧在我们眼皮底下不断发生，而我们一无所知。因此我们需要去探索"微笑抑郁"产生和不断加重的原因以及应对的方法。（在这里，不针对普通抑郁症，而着重对高功能抑郁中"微笑"这一外在症状和表象的成因及建议进行阐释。）

1. 去除"紧箍咒教育"，释放压抑的情绪

"微笑抑郁"是如何形成的？

最重要的核心就是——压抑。在探索"微笑抑郁者"的内在情绪时，你会发现，你永远逃不开"压抑"这个词。

"微笑抑郁者"常会这样形容自己的深层感受："我感到很压抑。我觉得自己明明可以做到一些事情，做得很好，得到不错的发展，但怎么都没有办法前进，这让我感到很挫败。一直以来，我好像被什么东西牵制，裹挟，慢慢深陷泥沼，一些复杂的负面情感郁结在心里，让我无能为力，只能看着自己逐渐走入深渊。"

这种莫名其妙的压抑感从何而来？一个人原本内心拥有的向上的力量被什么给裹挟？为什么怎么都走不出这种挫败的感觉？

"压抑"的来源，通常与自我的丧失有关。

141

当你询问一个"微笑抑郁者"对自己的了解和接纳程度"你是否了解你自己""你是否喜欢你自己"时，他的回答通常模糊、矛盾、回避，不能清晰地表达自己到底是一个什么样的人，对自己整体的接纳程度也偏低。

这是因为他的自我长期处于一种被掩藏和压抑的混沌状态。长期的压抑导致了自我的丧失，反过来自我的丧失又让他更加压抑自己的负面感受，让他在成年后内心没有足够的力量面对外界压力和内在困境，最后只有采取"微笑面具"保护自己，隔离自我与外界的关系。

那么，人是如何在成长的过程中逐渐丧失自我的呢？

正常来说，如果一个人在相对包容和开放的环境长大，身边的人尊重他与生俱来的渴望，正确引导他做想做的事情，尽量让他以自己能接受的方式自然生长，他的自我就能得到健康发展，并日渐成熟。

这样的人能全面理解自己，接纳完整的自己，能坦然诚实地面对，而不是压抑和回避自己的负面感受，所以他们对现实的抗压力也更强，更有包容力。即使面对复杂残酷的现实，他们的"心理弹性"也更大，内心更灵活有力量，会想出各种办法解决问题。

这一类孩子发自内心地温柔乐观，坚定而充满善意。不管正面还是负面的，他们不会掩藏自己的真实感受和想法，但表达的方式又不让人感到不适和有攻击性。

有一个案例。

7岁的女孩"妍妍"非常聪慧，时不时语出惊人，会说出一些有哲理性的话。当母亲违背她的意愿，要求她做一件她不喜欢的事情时，她不会生闷气，不会哭闹，而是冷静、理性地反问道：妈妈，如果我让你去做一件你不喜欢做的事情，你会怎么想呢？这样，你理解我现在的心情了吧。

我震惊于一个七八岁的孩子能跳脱权威人物规定的框架，进行独立思考，不用哭闹、发脾气，甚至自我伤害的方式去反抗，而是用"共情式的表达"来表述和坚持自己的立场。这对一个人来说是非常重要的"述情能力"。

后来我才知道，每当"妍妍"反驳父母的想法，表达真实感受和诉求时，她的母亲从不会认为她在顶嘴，不会认为自己高孩子一等，不会说出"小小年纪，就知道跟大人抬杠""怎么这么不省心""我肯定比你懂啊"这样的"经典名言"，而是即使不赞同，也能够接受她有表达和展示真实自我的权利。

这位母亲的做法体现了心理意义上的"爱"。**这种"爱"的核心是尊重，尊重一个人的存在本身，他拥有的所有想法，所有感觉（不一定全盘接纳）**。对一个人完整人格的高度尊重，将启发他内心的自由发展，这样的孩子才会具有健全、稳固和强大的自我，在面对绝大多数困境时，都不会轻易崩溃，情商也较高。

一个人丧失自我最大的原因是，在一个一切基本规定好的死板、狭隘、固化的环境里长大，孩子所呈现的所有"问题"未经思考和验证，一开始就被盲目定性。接着，利用所谓的正确管教，如同外科手术一般把那些大人不认可、不赞同、不允许的部分像"肿瘤"一样直接切除，不留痕迹。

比如，一个孩子哭了，你就觉得他很烦，很软弱，却没有想过他为什么哭，有什么情感需求，在表达怎样的内心需要。

一个孩子因为某种原因展示出一定的攻击性，你就判断他会成为一个暴力者，一顿打骂，却不深究攻击性的来源是什么，也不去解决这个来源，或试图把他的攻击性，升华为一种个人优势。

一个孩子生性敏感，喜欢编故事，你就忧虑他太情绪化，多愁善感，以后不能适应社会，不受欢迎。你是否想过，如果能正确引导这样极具灵性的孩童，他身上所具有的创造力，能让他创造出你想象不到的人生际遇和成就？

同样的一个孩子，有人能看见并发掘他很多优点，不觉得他的行为模式和性格特征存在多严重的问题，但有人却认定这个孩子身上有诸多缺陷，需要严加改正，不断压抑他展示自己的愿望，给他戴上"紧箍咒"生活。

无法得到回应的情感表达让他积累了太多力不能及的无奈，不被认同的价值，害怕被厌弃的恐惧，让他越来越不敢表现自己，最后只能做一个循规蹈矩的成年人。

但这样的手术刀切除的，不仅是一个人生来的渴望、探索的本能、独立的想法、完整的人格，而且一并切除的，还有作为人最基本的真实情感与感受。这无疑会导致一出出被驯化的成长悲剧。

2. 脱掉虚假面具：勇敢表达负面情感，重塑真实自我

理解"微笑抑郁"的第二个关键词是"虚假"。

在成长的过程中，你会常常听到这样的话：

"不要总是抱怨,你有什么不满的?"

"不要想那么多,多愁善感没好处。"

"你能不能积极乐观一点,小小年纪就浑身负能量。"

就此,我们可以看到,人们是如何把无比正常的消极感受,一步步压抑进内心深处的。但消极情感,是否如他们所想的那样,非常可怕,毫无意义呢?

并非如此,甚至恰恰相反。

消极情感的出现,很多时候都是一种自我保护和应激反应。更深层的理解,是帮助我们认识自身,反思问题,塑造自我的。**所以,一个真正积极、健康的人并不是没有消极情感,而是能够看到诸如抑郁、焦虑、烦躁、痛苦等情绪,但不逃避,冷静处理这些负面情绪,将它们积极转化为自己的力量,让自我变得更加强大。**

一个人强大的核心,就是要有一个完整的、真实的自我。每个人的自我都是一座城堡,成长的过程,便是在他人的指导下不断建设、加固和拓展自我的过程。如果一味地让一个人压抑自我,那么非但不能帮助一个人的内心变得更坚硬,而且会形成一个"虚假自我",摇摇欲坠,残破不堪。长大后,他们虚无的自我要如何面对现实的挑战,外界的压力?只有压抑与封闭,隔离与淡漠。

他们会因为对外界感到无所适从,无法应对复杂的人际关系而深陷困顿的精神沼泽。他们无法表达和求助任何人,只能试图利用"微笑面具"自欺欺人,将自我与现实割裂,和现实保持微妙的距离。

这种"割裂"能让人维持正常人的生活,不在短时间内崩溃,但自我的丧失终会让人慢慢感觉到，肉体虽然存在，灵魂与"我"之间的距离却越来越遥远，只能通过别人眼中的我才知道自己是谁，依靠别人的话语、行为、情感，与世界建立起一丝微弱的联系，感到自己的存在。而"我"，却成了自己人生的局外人，犹如透明人般活着。在这个过程中，即使他不断想要冲破压抑的牢笼，也往往终结于徒劳。迎面而来的，必然是内心的虚无以及自我的崩塌。

有一个女孩对我说，她不知道自己为什么抑郁，她长这么大，从来没有怪过任何人，她一直说服自己，去接受家庭和生活中的种种不公。我说，如果你有一次面对自己的机会，你能不能告诉我，真正的你是怎么想的？你真的不想责怪别人吗？

她沉默良久，说，我想，但是我不能。

她说："我的母亲喜欢抱怨，但这不是她的错，她有充分的理由去抱怨。她的家庭对她不好，她的婚姻也不够幸福，她照顾我们姐弟，弟弟又容易生病，让她很不省心。

"我的父亲脾气不太好，那是他要为这个家庭着想，他总是很努力工作，赚得不多，但也一直养活我们一家人。所以他可以发脾气，这没什么。

"我的弟弟总是不经过我的同意，就抢走我的东西，我说了他也不听，我又无法打他，因为他还很小，不懂事，这也可以理解。"

她总是非常小心翼翼地打开一个表达不满的口子，又随即立刻为对方找到能够这么做的理由。

我回复道："但是你呢？你始终认为，你没有资格对任何人的不满,说出你内心的不安。如果你尝试一下说出自己对他人,对世界的负面想法,你会有什么不一样?"

然后,她第一次鼓起勇气告诉我这些年发生的事情。第一次,她用了"我很生气""我觉得不对,不应该这么做""我不喜欢"这样的表达,她感觉到自己释放了很多。这对她来说,是一个重生的开始。

3. 为自己做选择,在心理层面建立"人生把控感"

理解"微笑抑郁"的第三个关键词,是"失控"。

很多"微笑抑郁者"都有一个共同特点:被控制的人生。他们人生的很多重大决定都是别人帮忙做的,但又难以反抗。因为一反抗,就会遭受严重的情感绑架——"你就按照我这样走,保准没错""爸爸妈妈能害了你呀,还不是为你好呀"或者替代性补偿——"你只要完成这个,我就给你奖励""你只要听话,这些都是你的"。

当一次次宣示人生主权的行为得到压制,失望的他们只能不断放弃、退让,最后习得了一种非常强大的生存技能——"微笑面具",用微笑来掩饰内心的无奈和愤怒:"好吧,算了吧,就这样吧。"但在大人眼里,这就是长大了,懂事了。长大后,他们对待不公平的做法也是不愤怒,不争取,不呐喊。最终,自我意志沉寂于无尽的黑暗中。

无法做出选择,不仅让一个人对自己的人生无法承担责任,更危险的是,会让他失去对自我、对人生的一种控制感。

这种"失控感"让他们面对人际关系问题时,感觉无法正常发挥,总是无意识地把别人的需求和意志放在最重要的位置。别人的情绪和感受，往往比自己的更重要。所以别人的意见或要求，常常当作理所当然之事，不假思索答应下来。对于超出自己能力范畴，或是自己根本不愿意做的事，无法直接拒绝，因为拒绝所带来的"尴尬"，会让自己反复陷入自责中。面对一些现实挑战，即使是很小的挑战，他们都很害怕碰壁，一点点挫折就能让他们自信崩塌，不知所措，于是小心翼翼，只想逃离。

因此，一个人是否能为自己做选择，是否拥有跟随自己本心，并能承担选择结果的能力，可以一定程度上决定他对人生的把控感。这种把控感，是人一生中追寻目标、自我实现、获得幸福的前提。

有人会说，我反抗过了，努力过了，但我的坚持是没有用的，我的诉求从未得到回应，所以我没必要再为自己做选择了，我的人生都交给别人看着办好了。

就算自我的坚持表面上在现实层面没能起到很大作用，但在心理层面也在塑造和增强你内在的控制感。为此，我们要不断训练自己遵从内心的想法和意愿去做选择。即使是很小的选择，看一场不出名但自己喜欢的小众演唱会，拒绝一次同事的请求，按照自己喜欢的方式搭配衣服……无数微小的行为及选择都在表达一种内在信念：**我做这件事，不是为了任何人，只是为了我自己。**

慢慢地，当你找回这种对内在自我，对人生的把控感后，你会发现，在重大的抉择上，你都能有自己的判断，坚持自己的选择，而不是不知所措，无所适从。

4. 致亲爱的你：真正的爱，是接纳一个人的真实存在

你好，我是林音。

我见过很多"微笑抑郁"的年轻人，甚至是孩子。我也因为"微笑抑郁"，失去过生命中很重要的人。而从小到大，我自己也是一个习惯用微笑来掩盖痛苦的人。

首先，当我意识到自己身上的"微笑抑郁"时，我做的第一件事情就是停止无意识的微笑。

我知道这很难，因为多年的习惯已然形成惯性，你甚至很难控制你的面容。有时候，你会不自觉地笑。当别人指出这一点，你很惶恐，觉得自己伪装得还不够好。但这种被看穿，被戳破，恰恰也是你可以去面对真实自我的机会。

其次，说出自己的痛苦。

当我淡然地说出"我其实也会抑郁"这句话时，我感受到的是一股力量，一股从压抑许久的内心喷发出的动力，一种内心深处对自己深深的理解、拥抱和接纳。那一刻，你会明白，什么叫作"自爱"。

很多人认为，爱是不计报酬地付出，不计结果地给予，不假思索地对你好，但实际上，我认为的心理意义上的"爱"只是最基本的一"接纳一个人的真实存在"。

著名心理学家卡尔·罗杰斯说，爱，是深深的理解和接纳。爱一个人是让他能做自己。做自己是可以肆意谈论自己喜欢的男（女）孩，而不担心被评判；是可以淡然说出自己被欺负被排挤，不担心反被质疑自己不会处理人际关系；是不想要的，可以拒绝，想要的，可以坚

持；是可以痛哭，可以颓废，可以愤怒，可以失败。在你面前，我可以做我自己。这才是"爱"。

卡尔·罗杰斯也曾非常具象地描述真正的"爱"：如果有人倾听你，不对你评头论足，不替你担惊受怕，也不想改变你，这多美好啊。每当我得到人们的倾听和理解，我就可以用新的眼光看世界，并继续前进。

在我看来，人如果无法接纳真实的自己，就不可能得到脚踏实地的幸福。如果一个人常常惧怕自己的"黑暗面"，压抑它，用微笑伪装，你的自我层面将永远无法整合，不会完整。

所以，请不要固执地强求孩子成为一个完美的、优秀的人，一个为他人着想的"老好人"，让他成为一个真实的，能感知幸福的人吧。没有什么，是比一个真实的孩子更好的礼物。

而对太懂事，总是用微笑来掩饰，装作"我一切都好"的孩子来说，当你说"我很好"的时候，这是你为自己编织的假象。你不是不会愤怒，不会哭泣，而是选择了另一种方式，一种伤害自己的方式来愤怒和悲伤。你一直以小时候讨好父母的方式，讨好着身边的人。所以我知道你的笑很勉强，你非常难过，痛苦，却在隐藏真实。

请你不要再"懂事"了，人生，要为自己而活。自私一点吧，这样，你就不会那么累了。不要做个那么温柔的人了，多爱自己一点吧。即使这样会让你失去父母的赞扬，他人的欣赏，也不要再无限制地讨好任何人，因为这样的赞扬与欣赏，是以你牺牲自我为代价的，得不偿失。时间，终究会治愈所有的情绪。

希望有一天，有一个人可以让你说出最真实的感受，你的人生故事，你的快乐与悲伤。如果这辈子，能够在一个人面前做自己，不管是家人，朋友，爱人……都是无比幸运的事。起码，你真实地存在过。如果你没有那么幸运，能遇到懂"爱"的人，那就自己成为这样的人，理解你自己。**微笑的是你，抑郁的那个也是你。只要你意识到自己是谁，你的所有面向，都将是真实的。**

最后，对所有努力与自己的心理问题抗争的人说，你从来不是一个脆弱的人，你是真正的强者。

如同电影《丈夫得了抑郁症》中，丈夫最后的演讲："无论任何人，在任何时候，都是能够以最真实生存着的自己而感到自豪和骄傲的。无论是因病痛而苦闷的人，还是在周围支持他们的人，他们的生活姿态本身，就应当是一件十分值得骄傲的事。"

有心理问题，不是一件没有尊严的事情。因为每个人都是"半成品"，我们来到这个世界，便是不断地在他人帮助和自身努力下进化自己。人本心理学大师马斯洛献身心理咨询事业时立下誓言："我想成为优秀的心理学家……是为创造更美好的世界而奋斗。"因为心理疾病不属于某一个人，它是所有人必须共同面对的难题。而我们需要的，只是多一点对生命本身的敬畏而已。

送给"微笑抑郁者"：

想痛哭，就哭吧。别再强求自己微笑了。
想大笑，就笑吧。别再强求自己读懂氛围了。
想呐喊，就呐喊吧。别再禁锢自己的渴望了。
不要那么优秀，

不要再追随别人的脚步，

不要像机器一样运转，

不要想得到所有人的认可和喜欢了。

不管做什么，

不管在哪里，

过什么样的人生，

不想做的事就不要做了，

希望你能轻松一点，

能真心地微笑一次。

真实的自己也好，戴面具也罢，你就是你。

爱笑的是你，抑郁的也是你。

只要是真实的，这都是你。

你不需要自责，厌弃自己。

因为，我爱白天的你，也爱黑夜的你。

只要是你。

第5章

快乐无能

快乐成为最大的奢侈品，
要如何找回对生活的动力与激情？

> 快乐取决于自主，物质的自主和精神的自主。如果你总是被别人的想法和观点左右，被内在的欲望驱使，被外在的事物奴役，灵魂不得自由，即使你走得再远，或许也不会真正地快乐。

01 快感缺失：
你有多久没有感受到真实的快乐了？

"你还记得，上一次发自内心地快乐是什么时候吗？我很久都没有感受过了。"坐在树荫下的长椅上，一白问我。我望向他，他的年轻的眼睛里，有些空洞。我时常在哪里听到这样的问题。

这很神奇。

有人说，现在的年轻人明明拥有任何一代人都不可比拟的优越条件和环境，却喜欢无事抱怨，自怨自艾。的确，我们这一代人，没有几个人像先辈一样真正挨过饿，过过衣不附体、食不果腹的生活，亲历过战争的残酷和不可预测的灾难。但就是在这样的盛世里，很多人却习惯逃避生活，容易感到疲惫，越来越难快乐了。比起身体累，心累更是困扰着现在的年轻人。

法国心理学家里博提出了一种"**快感缺失**"现象，意指"一种无法体验平时喜爱活动的快乐，或者是一种无法去追求、理解、体验和学习快乐的障碍"。简单来说，"快感缺失"是一种不能体验到愉悦，或对快乐体验能力下降的现象。

快乐无能

快乐成为最大的奢侈品，要如何找回对生活的动力与激情？

比如，一个本来很喜欢踢球的人，有天不再享受踢球的快乐；一直爱吃炸鸡的人，吃到炸鸡不再觉得好吃，觉得难以下咽；一个习惯每晚刷剧的人，有一天觉得看剧没意思，打开播放页面又默默关上……我把这种"越来越难以感知快乐，不知如何快乐"的现象，称作**"快乐无能"**。

当"越来越难感知快乐"成为一种集体现象，它绝不再仅是年轻人自身的问题，而是一个属于全社会的心理问题。**快乐，已然变成了这个时代，人类最难买到的奢侈品。**

如果你去看父辈的照片，即使是黑白照片，你都能看出来大部分人眼里是有光的，你会被他们脸上那种对某种信念的坚定，对未来的期待的眼神打动。即使艰辛，他们却沉浸于每一刻的奋斗里，珍惜每一件自己努力得到的东西，也坚信自己能创造自己想要的生活。在他们身上，你能感受到一种强烈的自我满足感、价值感和信念感。

可现在的年轻人呢？他们明明好像什么都拥有，却又感觉什么都没有。起码，他们很多人眼里，是没有光的。

计算一下，你从小到大，真正感受到快乐的时间有多少？有多少你能记住的，存留于内心深处的开心回忆？你有多久没在生活中体会到一种真实感了？结果，可能会让你十分惊讶吧。

很多人从不认为快乐的能力是重要的，即使他们做的大部分事情，最后都是为了追求所谓的"快乐"。而我认为，让自己快乐的能力太重要了。它的重要性，被严重忽略了。人生最重要的目的之一，就是感知活着的丰富和快乐。

属于这代人的快乐去哪儿了？我们为什么失去了快乐的能力？面对现实，我们又能如何应对呢？

我和一白的对话，就此开始。

02 疲惫的真相： 一眼望得到尽头的人生

一白：有天我回到老家，小时候看着我长大的村里奶奶对我说，"孩子你才 20 多岁，怎么眼里就没光了呢？你一点都不像小时候了。"我觉得真的是。小时候我是个活蹦乱跳、天马行空的孩子，别人都说我有灵性，跟现在的宅男完全沾不上边。不知从什么时候开始，我很久没有感觉到真正的快乐了。我也记不起，上一次发自内心地大笑是什么时候了。

林音：现在的生活中，最让你感到疲惫的是什么？

一白：让我疲惫的，都不是什么大事，是特别日常的琐碎。就像昨天，下班路上堵得一塌糊涂，我穿过拥挤杂乱的人群，好不容易来到超市，看到超市里排着很长的队，我放下购物袋，瞬间不想买菜了。在便利店买了泡面，又在路边摊买了卤菜，用最后一丝力气往家走去，我突然有种感觉：我不属于这里。好像我的一个肉体分身在这里生活，平行世界有另一个我，一个自由的，在做自己想做的事情的我。

林音：听起来，现实生活中的你非常受限制，压抑，没有力量。当你很难感受到快乐的时候，你会想象自己的精神与肉体分离，想象有一个平行世界，而那个世界的你是快乐的。

快乐无能

快乐成为最大的奢侈品，要如何找回对生活的动力与激情？

一白： 是的。我才 20 多岁，但整个人的状态却像 70 多岁，仿佛一只脚迈进坟墓了。有天，我看着小区跳广场舞的老爷爷老太太那精神劲，突然挺羡慕，我的确都不如那些老年人了。当我看到公交车上那些和我一样疲惫，刷着手机站立的人时，我突然觉得，一切都没有意义。我的心在大声呼喊：生活变得更好了，为什么我不快乐！我们不快乐！

林音： 从什么时候起，你开始感觉到这样的状态？

一白： 我有这种状态很久了。一些原本喜欢的事，现在都感觉不到快乐了。很清晰地感觉到这一点，是最近有一天，我打卡玩了很久的游戏，竟觉得索然无味。以前一下班，我就在家打游戏，刷剧，吃薯条汉堡炸鸡烧烤……当肥宅让我快乐，忘却一切，现在却也只有一瞬间的轻松。生活的任何一点小事，很平常的小事，都会让我烦躁。我意识到，我已经失去了内在的平衡，一直活在一种无止境的恐惧和焦虑里。

林音： 你在恐惧和焦虑什么？

一白： 恐惧我这辈子就这样了。我最近终于买了房，但那种快乐只持续了几个小时，一想到贷款还有那么多年，奋斗没有尽头，我整个人都蔫了。我的确通过努力实现了一些目标，但实现之后呢？会有更多目标等着我。这样的生活不是我想要的。**我渴望活出一个想要的样子，可是总是被无数事务所拘束。**

林音： 所以小时候，你想要的生活并非如此。

一白： 小时候恰恰相反。一点微不足道的小事都让我觉得好玩，乐在其中。小时候最快乐的时光之一，就是在外玩耍后回家，和朋友

157

挤在电视机前，看一些电影和综艺节目，那些影像丰富了我整个的童年时光。看综艺节目，我会笑得前仰后翻，还会和小伙伴模仿着玩一些电视里的游戏。看悬疑片，会觉得非常刺激，到现在我都还记得里面的情节。看一些科幻片，会觉得十分神奇，好像那些编造出来的生物体就在我的生活中一样。我总是在大脑中想象并续写各种故事的情节，这让我感觉到快乐。从小，我就想做一个造梦的人，当编剧或者导演。那时候，我并未对现在这些人人都拼命想得到的东西有强烈的欲望，我还有属于我的梦想。

林音：现在呢？那些冲动去哪里了？

一白：现在，我就想着怎么赚钱，赚更多的钱，买更大的房子，更多的衣服、鞋子。**我才在人世间过了 28 年，却已经看到了自己一生的路径，这让我感到厌倦。**

林音：赚钱不会让你快乐吗？

一白：那一瞬间会快乐，比如发工资的那一刻。但你知道，这是一个漫长的过程，你永远不会满足。

林音：你觉得，是什么让你失去了快乐的动力？

一白：一眼就看得到尽头的人生。

03 不快乐的本质：
　　被压抑的天性

林音：我发现，不快乐的人似乎都有一个共性：压抑自己内心真正的渴望。在不适合自己的环境里，做着自己并不真正喜欢的工作，扮演着和自己不相符的角色，脑海里总有"我应该"和"我想要"两个小人在打架，强烈的内在冲突折磨着他们。

一白：的确。我很后悔，当初我没能坚持自己的想法，我是有机会走我想走的路的，但我放弃了。这让我注定一辈子活在遗憾里。对人的一生来说，选择永远比努力重要太多。但我可能再也没有机会了。

林音：为什么你没能坚持自己的想法？

一白：因为大家都说，这是一条艰难的路。没有人支持我，他们只会教我权衡利弊，不要白日做梦。我也变得非常胆小。最后，我还是选择了一个看上去不错的专业，选择了一份保险的，不会轻易失去的工作，按照大多数人走的路径，走到现在。但这都是我自己的错，是我不够坚定，是我过于软弱。

林音：人生的选择的确有你自己的原因，你需要承担这个后果，但这也不是你一个人的错。**世上总有形形色色的人和事，特别是身边的人，会试图混淆你的人生目标，用期望绑架你的梦想，让你无法想清楚自己想要的东西，把你往他们希望的方向推着前进。有时候你只能埋葬自我，盲目地向前走，追求一些大家都趋之若鹜却不是你自己想要的目标。**

一白：过去的事情看似过去了，却还在影响我现在的人生。特别是我对现在的生活不满的时候，那种对过去感到遗憾的痛苦就会出现，这种深刻的内疚与悔恨一直折磨着我，让我很难感受到快乐。

林音：活在遗憾里的人，惯性自责的人，时常为过去的选择后悔的人，很难对生活产生合理的期待和向往，也没有力量继续创造更多的可能性，自然，就很难快乐。因为你会一直不停地想"如果我当时……就好了"，但这是个无解的问题。

一白： 我也时常看到很多人到了三四十岁，甚至七八十岁突然思想转弯，放下一切，去实现儿时的梦想。我告诉自己，别人能做到，我也可以，这一切都不算晚，但下一刻，我大脑中的某种声音又会把自己打回原形：你还是省省吧，都现在了，你还折腾什么呢？你要折腾到几时？现在即使我想去尝试，那种"激情"也已经过去了。

林音： 现在的很多人，不只是缺乏对学习和探索的激情，还有了一种思想惰性，像温水里煮的青蛙，对自己的生活不满足，但又只能囿于现状，没有勇气改变。

一白： 我就是。曾经的逃避的确让我遗憾，但最让我难受的是，我这个人本质上的变化。小时候我是那种什么都好奇，什么都想试一试，从不胆小，干劲满满的孩子。但这十几年来，我越来越容易自我对抗，看事情总是先看到消极的一面。对于大部分事情，也都是"差不多就得了"，没有那种乐于探索，坚持到底，勇敢去拼的劲了。**我终于还是变成了我小时候最不想成为的那种人。**

林音： 你有没有想过，在不打破现有生活的范围内，去寻找一些可能性？作为一个开始，即使是很小的挑战和尝试，也许可以慢慢改变你的"心理惰性"，这才是第一步。这样，最起码你不会感觉到那么无力，生活没有一点生机。

一白： 我也想过。但首先，我得重燃对生活的热情，而不是继续消耗内心。我得相信，我是有未来的，再去慢慢探索曾经喜欢的事物，找到自己的快乐所在。

04 "永不满足"，
才是一个人内心最大的损耗

林音：你说，你不像小时候那样，很容易快乐了。小时候的你，最快乐的事情是什么？

一白：最近的周末，我躺在沙发上发呆，总想起小时候的事。我在农村长大，和小伙伴捉泥鳅，钓虾子，在田埂上奔跑玩耍，特别自由。我想念夏天的蝉鸣，在柿子树下等待果实成熟，偷摘别人家荷塘的莲蓬，和小伙伴尝油菜花的嫩梗……后来，我再没见过那种什么果子都有的热闹菜园，也再没见过奇形怪状五颜六色的飞虫蝴蝶了。我的生活被每日通勤经过的高楼大厦填满，被城市和老家的距离拉开，那些记忆终究成了我永远找不回来的快乐，那时候的我却不懂得珍惜。

林音：小时候的确有很多快乐的回忆。记得那时候，每天我有一元的零花钱。小卖部的辣条一包五毛，买两包辣条和小伙伴一起分享。一包辣条，一袋瓜子，一个冰糖葫芦，就开心得不得了。小孩子，真的很容易满足。

一白：以前不管吃什么，即便奶奶随便做的一碗炒土豆丝和辣椒炒蛋，都好吃得能扒拉三大碗饭。可是现在，即使排很长的队，打卡很有名的网红店，有的还特别贵，我都只是觉得"还行"，甚至有段时间食不知味，如同嚼蜡，像得了厌食症。为什么现在想吃东西能轻易获得，反而不觉得好吃了呢？

林音：或许是因为人类的适应性太强了。从进化的角度来说是好事，但当我们习惯拥有这些东西，也变相降低了我们感知快乐的能力。当曾经的一物难求变成唾手可得，艰难索取变成理所当然，我们对刺

161

激的敏感度降低了，期望值拔高了，要求也越来越高，于是感到越来越难被满足。我们对所有事物的情绪反应就会变得比以前迟钝太多，自然就演变成：一直爱吃的菜不香了，一直玩的游戏无趣了，一直喜欢的人没力气去爱了……欲望太多，感知快乐的能力就会降低。

一白：对。那些原本稀奇的事情，经历多了就习惯了，感觉没什么能让我感到惊奇的了。就像再好吃的包子，吃多了也会想吐一样。想想，假如你一天只能吃一顿饭呢？假如你只有过年的时候才能吃到肉呢？假如你要跋涉千里才能见到你喜欢的人呢？你对这些人和事的感情，突然就变得不一样了，开始珍惜和期待了。

林音：从物质的角度来说，现在的生活的确更加舒适、体面，但我们作为"人"本身的感觉被钝化了。**在日复一日的重复生活和无尽追求中，原本让人心动的人和事变得无聊乏味，死气沉沉，引发不了一点波澜。你觉得为什么会这样呢？你的过去和现在有什么本质的区别？**

一白：小时候欲望很少，很容易被满足。随着年龄增大，欲望开始膨胀，无限制地生长，但现实又没办法满足，就感觉没有希望。长大后我发现，"欲望"的本质就是"永远无法停止"。你满足了这个，又会想要那个。你用攒了很久的钱买了最喜欢的牌子的鞋，拿到手后还没高兴一会儿，看到别人买了最新款，瞬间手上的就不喜欢了，你又想要更好的。有一天你有了房子，你又会羡慕房子比你更大或住在别墅的人。所以每当我走过小区的别墅区，会心情烦闷，不知道自己要多少年才能过上那样的生活，自己也突然变得极为渺小。

林音：无限制的欲望会让人变得越来越渺小，越来越焦虑，就会导致"心无力"。如果你盲目地崇拜物质，将人生的意义维系在身外之物上面，你就不会有满足的一天，永远都会觉得自己做得不够，时时刻刻的焦虑成为必然。这也是现在有这么多容貌焦虑和身材焦虑的人的原因吧。

一白： 我也发现，人的欲望本性，就像买衣服一样，永远是下一件最好，最合适。当初觉得很好看的衣服，过段时间就会嫌弃，觉得不合适。即使衣服塞了一满柜，仍会觉得没衣服穿，买的不够。其实，最后真正需要的，能用上的，就只有那几件而已。

林音： 人就是这种永不满足的生物。特别是当越来越多的快消品填满我们的生活，你眼睛看到的，耳朵听到的都是广告时，的确会被"洗脑"，人也会被商品化。为了获得更多东西，填满欲望的沟壑，我们生命的大多数时刻都在拼命地争取，获得，丢弃，再获得，再丢弃。人在欲望的世界中窒息。

一白： 但我们很难阻止内心的渴望，这就是人性。当一个人觉得欲望爆棚又无法实现，人生一眼望得到尽头的时候，可以用什么方式去应对呢？

林音： 对我来说，是精神上的、心理上的"断舍离"吧。当我很想得到一样东西时，会问自己，我是真的喜欢才想得到，还是单纯因为比较，因为别人都有，无处不在的洗脑宣传让我变得不理性？我会提醒我自己，对一样东西的执念是无意识的欲望驱使我这么做，还是出于我的本心？当我得到后，我也会告诉自己，要学会知足，不要急于立刻拥有更多，不要陷入欲望的沼泽。这种化繁为简的生活态度，或许能让一个人更好地回归内心，回归自己想要的生活本身。

一白：也就是说，人一定要学会适当满足。不要为了比较而比较，为了竞争而竞争，而是根据自己的需要，尊重自己的本心。

林音：因为有时候，即使你穷尽一生地努力，将目标与能力匹配，也不一定能顺利地达到目标。如果成功，那肯定是幸运的，如果不能，你可能会陷入一种无止境的追寻当中，最终感到无力与恐惧，直至麻木。欲望的沟壑是填不满的，而人不能什么都得到，我们得面对现实。快乐取决于自主，物质的自主和精神的自主。如果你总是被别人的想法和观点左右，被内在的欲望驱使，被外在的事物奴役，灵魂不得自由，即使你走得再远，或许也不会真正地快乐。

05 要比较的话，
就全面彻底地比较吧

一白：我也发现，我的不快乐，是因为我总是习惯性"向上看"。我会无意识地，经常性地和我公司的同事、朋友比较，我就很难快乐。因为对比之下，我毫无希望。

林音：你会怎么比较？

一白：从大学开始，当你的同学一个个都见过很多你从没见过，甚至没听说过的东西，一个月的零花钱比你一年的生活费都多，有的去过二三十个国家，而你去过最远的地方就是上大学的城市，你都不用自己去比较，事实就摆在你面前。小时候你不会因为一个人成绩不好就不跟他玩，但长大后，如果你的好友过得太好，你就会想远离他。你原本活得好好的，但他太幸福太幸运了，会把你的人生衬托得很灰暗很失败。

林音： 比较之下，你会变得越来越无力。

一白： 对。有的差距太大了。还有，我有些同事虽然跟我做一样的工作，但他们家境很好。即使有一天不想做了，他还有选择的权利。我呢？我已经被现在的生活捆绑了，不是在生活，是被"生活"。一个人的物质自由跟精神自由密不可分。可是我在追求物质的时候，必定要放弃大部分精神上的坚持。每当想到这些，我就觉得很无力，想放弃一切。快乐都是你们的，而我，就颓废到底吧。

林音： 这也许就是所谓"世界的参差"吧，很多人都无法应对这样的现实之下产生的无力感。

一白： 一直以来我也陷入这样的旋涡之中。但最近，我对人生的理解被一些意外改变了。上个月有个很久未见的朋友跟我说，他得了一种病，叫"克罗恩病"。当时我看着他戴着鼻饲管，只能通过鼻饲管进食营养液，不能正常吃饭，我真的很震惊。

年初他还好好的，打算今年结婚，正计划这计划那的，突然就变成这样了。这是我第一次知道，世界上还有这种病，目前还没有能完全治愈的药物，只能等待医学的发展，可能还需要10年，20年，甚至更久。后来我去了解了一下相关的知识，我才知道，世界上还有很多种"奇怪"的病，年轻人也会得，只是我从未了解过。

林音： 生病了，才知道健康可贵。发生战争了，才知道和平难得。经历过没吃饱饭，才会觉得一碗饭来之不易。世界上有很多事情我们不知道，不代表它不存在。只有当它发生在身边时，才能清晰地感知另一种"世界的参差"。这些"意外的故事"会让我们的心态发生改变，让我们知道，我们习惯性向"上"看的世界，也只是世界的一个角落而已。

一白：以前每次心有不甘的时候，我就觉得自己很不幸，特别惨，自动把自己代入一种"受害者"的角色。我觉得，既然我的命是这样，还不如永远不要努力了，反正什么都做不到。但亲眼看到和听到一些现实发生的事情时，我又感觉到自己的确是幸运的，我拥有很多人梦寐以求的东西。

林音：朋友的人生境遇让你重新审视自己的生活，让你开始脱离那种对于世俗狂热的追求，用更宏大的视角来观看自己的人生。虽然目前的生活充满困境，但也并非彻底失去希望。

一白：20岁刚出头的年轻人不会理解，当你快30岁时，日复一日的工作让你的心态不再年轻，你的身体不再像以前一样有活力，你偶尔听到一些同学、朋友、同事突然生病，甚至离世的消息，你会意识到，现在的健康和平安已经是一辈子最大的运气了。当我看到不幸的人时，会感同身受，原来我们都在挣扎，只是为了不同的人生而挣扎。而有些人的挣扎，比我艰辛太多。当我看到新闻上一些人活得特别不易，会觉得大家都是为生活挣扎的普通人，有人甚至比我更痛苦和焦虑……我会想象，如果遇到这样的事情，我会怎么样，我会不会像他们一样坚强，我想我做不到。

林音：似乎你已经意识到，因为总是关注着"那一眼望得到尽头的人生"，关注着人生无比顺遂的人，你面对的困境和痛苦被自己无限放大，而生活中的快乐和幸运被你缩小和忽视了。在向"上"的比较中，你的内心开始失衡，沉浸在对生命的无力感中。

一白：是的。很多人说，痛苦没有大小之分，我觉得有。特别在看了很多国家的纪录片后，不同地方的贫富差距之大，生活现实差距之大，让我咋舌。我也无法想象，如果我是我那个生病的朋友，无法吃任何我想吃的食物，只能看着别人吃，那是一种什么感受；我要把一根那么长的管子从鼻子插入自己的胃部，每天灌入营养液，我会怎么想。何况我还是一个吃货，想想就让人窒息，但这对很多人来说，就是每日实实在在发生的，最真实的生活。

林音： 人与人之间的差距太大了，但很不幸，这就是人生。人们依然要面对现实，面对那些一出生就活在别人人生终点线的人，面对自己的负债，车贷房贷……我们无法自欺欺人。但如果总是这样"向上看"，不仅会非常痛苦，视野也会变得狭隘。

一白： 对某些人来说，正常呼吸，正常吃饭，正常行走都是毕生的奢望，莫大的幸福，可是对于另外一群人这根本不值一提。有一天，你会意识到，别人拥有的，我没有，但我拥有的，也是很多人没有拥有的。不再盲目地比较，这算是一种心理的成熟吧。

林音： 人们总是不自觉地向"上"看，很容易导致内心的无力，而能"向下看"，是一种极为重要的保持内心平衡的能力。就如心理学大师荣格所说："我们看待事物的方式，而不是事物本身，决定着一切。"几乎所有的痛苦感受，都可能与错误、片面或主观看待现实有一定关系。当你意识到这些片面的角度和看法时，痛苦也就消失或转化了。人可以"向上看"，和更好的人比较，向往更好的生活，但也要学会"向下看"，看到世界正在发生的苦难和不幸，尊重更加广阔的现实，这样才能更加理性、客观地看待自己的境遇，才不会轻易迷失在大千世界，陷入过激的自我否定中。如果非要比较的话，那就全面彻底地比较吧。向上看，仰望高处，向下看，平视众生。

06 不要成为"受害者"，
　　警惕"自我中心意识"

一白： 我发现，这几年，我变得越来越不快乐，不仅因为现实残酷，更因为我只顾着盯着自己那部分内心的痛苦，现实的烦恼，过去的遗憾，翻来覆去强调又强调，重复又重复。为什么我们的注意力，我们的眼睛总是死盯着那些不好的部分，糟糕的回忆，总是沉浸于重复体验某种特定的痛苦呢？

林音： 存在主义心理治疗会说，你是为了逃避生命的责任，也是出于自我保护，所以将自己浸泡于痛苦之中。但我想，每个人过于痛苦的时候，都会本能地去逃避吧。作为人，我们都有一种**"自我中心意识"**，会无意识放大自己的感受，特别是负面感受。"自我中心感"会让我们更容易看到自己生活中坏的一面。如果遭遇挫折，情绪低落，我们就觉得自己是全世界最惨的那个人。而对他人同样的疼痛，却顶多只会产生一点怜悯和同情，很快就会忘记和消散。

一白： 我就是如此。我最不快乐时候，是我觉得老天不公，为什么没给我更多的机会，为什么让我做出错误的选择，为什么没赐予我好的环境的时候……但凡我的家庭环境和条件好一点，但凡当初我没有被逼放弃自己所爱的事业，我的人生是不是就不会这么糟糕了。

林音： 每个人的心，都是一个宇宙。有的人心境很窄，总是关注着自己的一亩三分地，对生活中的小事斤斤计较，所有的注意力重心都在自己身上，而忽略了更广阔的世界发生着什么。这样的人，总是容易因为自己的一点痛苦，就无限放大，生活有一点不满，就无限愤懑。可一个人如果能多了解世界的见闻，观看他人的人生，就不会沉迷于跟别人比好或比惨，会跳出"自我宇宙中心"去思考，真正地感知，我们身处一个什么样的世界，自己处在什么样的位置，过着什么层级的生活，要去往什么样的未来，也许我们的内心能更丰富，也能快乐很多。

一白：跳出自我宇宙中心去思考……说起来，过往的 28 年，我有过很多快乐的时光。但因为眼睛一直"向上看"，那时我一点都不觉得珍贵，现在我才感觉到，我错过了什么。

林音：什么样的事情是你错过的呢？

一白：比如我的奶奶。那时她的头发还没花白，身体还很健康，以前我并没觉得这多么难得，这事多值得高兴，一切都太正常，太平淡，太普通了，没有波澜。那时，我无比向往刺激丰富的大城市生活，到很远的地方上大学，工作，每天的日子都过得十分匆忙。也因此，我没能好好感受她陪伴我的时光。当失去之后，我才明白，原来那个时候的每一天，都过得充满希望，那个陪伴我的人一直用怎样的心情爱着我，可我永远不可能回到那个时候了。而现在，我还在重复这样的行为，继续无视着此时此刻经历着的一切，目光永远注视着更远的未来，停留在自己无法攀爬的高处。

林音：我曾经因为意外，失去过人生中非常非常重要的人。这件事改变了我对人生的态度。因为你永远不知道，你的下一秒会发生什么。在人行道上走着，下一秒也许你会失去这个世界上最爱你的人；和朋友吃着烧烤，谈笑风生的瞬间，有人永远离开了这个世界。不管你在多高的位置，不管你此刻幸福或不幸，时代的一粒尘埃，落在一个个体上，就是巨大的灾难，新闻上轻描淡写几句话，对于一个家庭，就是毁灭性的打击。但若不是亲身经历，你并不会认为生命这么脆弱，生活这么无常。只有你看到或听到曾经认为遥不可及的现实发生在你面前时，你的心会突然停跳一下，瞬间体会到"活着"是什么感觉，"离去"意味着什么。想通了这一点，我的内心就会产生一个"当下"的倾向。我会倾向于去关注自己身边的事情，在意自己拥有的事物，聚焦于自己能做的事情。这源于一个"向死而生"的生命态度。

一白：以后，我可能也不会把全部眼光放在那些让我羡慕不已，让我纠结矛盾的事情上面，把视野拓宽到目所能及之外的世界。我也得在迷失的时候时常提醒自己，"你看，你又开始了，又开始觉得自己是世界上最惨的人了"，又走入"受害者思维"了。

林音：是的。你觉得自己那无比差劲的生活，或许也有别人羡慕不已的地方。你想结束的无望人生，也许是他人梦寐以求的现实。当你总盯着自己没有获得的东西，难以拥有的事物，总是盯着那些灿烂无比，看似没有任何瑕疵的人和事，你会憎恨人生，憎恨自己，憎恨世界。与其把目光总放到一些我们够不到的地方，在比较中进行无谓的情感消耗，还不如在这一刻，做你力所能及的事情。这的确足够现实，但可能也是最不留遗憾的活法。

一白：除了面对最残酷的生命现实，一个人要怎么让自己的心更宽阔，不只沉溺于自己微小的痛苦呢？

林音：我很喜欢看关于宇宙的纪录片，最喜欢《宇宙时空之旅》。当你仰望星空，光年尺度下的叙事，会让你觉得人特别特别地渺小，它让我们面对的困境显得无足轻重，你也会知道自己真正的位置是什么。也许你会说，知道这些有什么用呢？对我而言，这个问题取决于，你想活在一个多大的心灵宇宙中。

07 在疯狂劳动的同时，
　　不要丧失童心的本质和原始的快乐

一白： 现在，即使我在休息的时候逃离都市，去农村找乐子，都感觉物是人非。心里装了太多的事，虽然身在那里，却感觉焦头烂额。我好像丧失了一种体会原始的快乐的能力。

林音： 当然。不管在哪里，只要你心里焦虑和忧虑其他事情，就一刻不会安宁。钱钟书先生聊到"快乐"时说，"洗一个澡，看一朵花，吃一顿饭，假使你觉得快活，并非全因为澡洗得干净，花开得好，或者菜合你口味，主要是因为你心上没有挂碍，轻松的灵魂可以专注肉体的感觉，来欣赏，来审定。"快乐的本质，就是了无挂碍。但要一个人全然地放下现实的焦虑是不可能的，我们能做的，是在最普通的日常里，重新觉醒自己感知快乐的能力。

一白： 重新觉醒自己感知快乐的能力，要怎么做呢？

林音： 你听说过美国当代著名作家大卫·华莱士在肯扬学院的毕业演讲中讲的一个故事吗？他说，有两条小鱼在水里游动，碰到一条从对面游来的老鱼向它们问好："早啊，小伙子们。今天水里怎么样？"小鱼们不知所云，非常苦恼。其中一条小鱼忍不住了，向另一条小鱼问道："它说的水到底是个什么玩意儿？它在哪里？"水一直在你身边，全然浸入你的生命里，你却浑然不知。快乐也一样。

一白： 这个意思是，我的快乐就在身边，但我浑然不知吗？

林音： 我想，这个意思是，在我们生活的四周，每时每刻都盘旋着无数的"心动"，只是在烦琐的日常中被我们选择性地忽略掉了。以前我也浑然不知，直到我养了猫。我看到猫一直转圈圈，玩得不亦乐乎。最开始我以为它是抓虫子，或哪里不舒服。后来我发现，它竟然是在抓着自己的尾巴玩耍，好像它的尾巴不是它自己的一样。那时，我笑得很大声。看着把自己的尾巴当作玩具的猫时，我突然理解，快乐原来是一种习惯。**快乐，只需要一条自己的尾巴。**在最不经意的事物中，隐藏着意想不到的欢愉，而我们缺的，是把自己的尾巴变成人生玩具的能力。

一白： 这样说来，吃一顿火锅，看一场雪，看一次夕阳，喝杯热奶茶，暗恋一个美好的人，拥抱许久未见的朋友，看孩子脸上的笑容，抚摸猫咪的肚子……任何事情都可以成为"水"。既然快乐如此简单，为什么现代人还会有如此严重的精神危机呢？

林音： 19世纪时，尼采就预测了这个现象——我们用本能和直觉去感知美的能力已经严重退化了。生活中那些平庸、细碎的东西，被"成功学家"们认为一文不值。所有人都告诉你日常生活微不足道，所有不能赚钱的事，都是在浪费生命。所有标签都在定义，你应该到年龄就结婚生子，成家立业，否则就是失败者。你人生的意义只有一个：要成功，要走得比别人都快，你要用命换钱。你没钱，没目标，没能力，就不配当"人"。但，这是对的吗？这是否符合现实？这种所谓的现实，又能否推动一个人继续前进，过得更好呢？

一白： 我时常想，小时候的我为什么对任何事总有种新奇感，长大后就消失了。主要是因为以前我对什么东西都没有"定性"它是有用，还是无用的，所以容易发现很多乐趣。但成年后，我在做任何事前都要看这件事能不能给我带来利益，这件事能不能立刻给我回报。其实，你不用事事都想着回报，越是这样想，越是失去事物本身的乐趣。

林音：过于追求快乐的人，恰恰是很难快乐的。快乐，本来就是对生活的一种良好、稳定的心态。现代社会是劳动社会，长大后我们都降格成了"劳动动物"，被动地陷入一种去个性化，甚至去人性化的生活和奋斗过程之中。一切有趣的积极的生活形式，都被降格到劳作层面。好像所有的动作、行为、想法都是为了"劳动"，为了赚钱而生。生活失去它本身的意义。当然不是说赚钱不重要，只是"追求财富自由"的泛滥，让我们投入改变自身命运的大军中，但实际上，你的人生很可能非但没有大的改变，同时没有一刻不被集体营造的焦虑裹挟，被充盈于内心的虚无笼罩。

一白：更让人疲惫的是，这样的劳动换取的价值，还和自己的付出不对等，最终也达不到自己的目的，于是更加心累了。

林音：人的灵魂，早已跟不上社会发展的脚步。我们在追求物质和绩效，执着于及时满足所带来的快感时，也会丧失与周遭世界、与他人的联系。一旦失去跟当下这种联结，内心的力量就会减弱，我们不再对身边的人和世界抱有兴趣，渐渐麻木到成为行尸走肉，最终丧失活下去的欲望。

一白：这种忽略一切精神满足的"唯成功论"，或许就是不快乐的源头吧。

林音：人类用本能和直觉去感知快乐的能力，是我们决不能丢失，必须找回的。当你丢掉了最原始的快乐，你的心就会飘浮起来，没有根。如今很多都市人不快乐，就是因为失去了生活的根基，忘记了人是自然的一部分。只有找回生命中与自然的联系，才能更踏实、无忧地生活于大地之上。所以为什么很多人想回到自然，回到乡村，回到田园？我们并非简单地为了逃离快节奏的现实生活，而是从本质上，我们需要一种精神的"回归"。需要提醒自己，我们是谁，我们从哪里来，要去往哪里。你我都是颗种子，是自然的孩子，从泥土中来，也要回到泥土中去。这是生命本身的温度。这或许会给你力量，让你走出面对现状的无力。

一白： 我还记得，小时候我会在农村的小院子观察很多神奇的昆虫。细微地观察它们，我不觉得乏味，反而觉得很有趣，而这也让我忘记了很多烦恼的事情……我感觉这种时刻，就是"永恒的当下"。

林音： 也许，我们不应该丢掉那些原始的，看似不值一提的快乐。每当我因为过度的欲望、疲乏的日常、内心的无力而陷入无聊和空虚时，当我如何向外寻找都找不到让自己快乐和安宁的心态时，我会让自己做很多小时候会做的事情，玩一些别人觉得幼稚的游戏，见一些许久未见但一直怀念的人。这样的时刻，让我能够对生命保持警觉，对快乐保持觉知，提醒自己：这就是水，这就是水，这就是水。

08 快感不等于快乐，
　　真正的快乐是精神上的平和

林音： 现在大部分人最喜欢刷短视频，刷剧，这会让你感觉到快乐吗？

一白： 我有一段时间喜欢不停地刷好玩的恶搞视频，当时的确觉得特别好笑，但笑的时候，我内心一部分却感觉很悲凉，只是为了笑而笑，笑过之后，什么都没留下。比如，我看一个解析罪案的视频，那10分钟很刺激，很有意思。看部120分钟的谍战大片，那两个小时体内肾上腺素喷发，但之后呢，那种感觉很快就消失了。当我接触了过多的碎片化的信息，几个小时下来，整个人会觉得特别疲惫。

林音： 过度的刺激和信息会从根本上改变一个人注意力的结构和运作方式，让注意力变得分散、碎片化，人不再容易专一。你会发现，你很难再静下心来，去做一些需要花心思的事情了。例如，完成一件手工艺品，读完一本书……我们不能容忍一丝无聊，只要一停下来，就会一定要看着什么才能安心。

一白： 的确，我很久都没有读完……别说读完，我很久都没有去读一本书了。只要一打开，还没读一两页，就坚持不下去了。

林音： 在这个过程中，我们看似花费了很多时间，获取了很多信息，过得十分充实忙碌，但这些信息都没沉淀下来，不会让人产生沉思的能力。而这种沉思的能力，恰恰对于创造活动，完成个人成就具有重要意义。因为，但凡跟创造相关，都需要一种深度的注意力。沉思的能力，能够让人从自身出离，将自己沉浸于事物之中，精神更加集中地投身于创造活动，这样不仅效率更高，效果也更好。

一白： 我现在就变得越来越懒了。但凡要动点脑筋的事都不愿意想，能不动的绝不会动，看什么只要一觉得无聊，我就马上换。短时间内的确放松了，但你会莫名其妙觉得特别空虚，身体和心理都很不舒服。我怎么成这样了？

林音：其实，通过这种方式所获得的大部分"快乐"，不能叫快乐，应该叫"快感"，这是一种充满刺激性的"伪快乐"。我们吃得更好，玩得更嗨，装得更吃力，这些东西刺激你的神经和感官，让你像"中毒"一样沉浸其中，把刺激当作存在感，而心灵没有了持久的平和与安宁。最可怕的是，人需要不断强化这种感觉，反复刺激，你的感受阈限也会因此提高，最后你发现，这些快感不仅稍纵即逝，而且一般的刺激再也提不起你的兴趣，你只能寻找更强烈的刺激，精神因此被束缚和控制。因此，有些人会玩手机看视频打游戏成瘾。你想停下，也停不下来。

一白：难怪现在宅在家的生活无法治愈我了。有一段时间，我无意识地打开短视频，不停地刷，只要一停下来，就浑身不舒服。只要身边没有手机，我就焦虑。这种情况持续了很久，每天晚上睡眠效果都不好，直到我受不了。后来强制自己在工作之外的某段时间，绝不能碰手机，把很多短视频软件也卸载了。那一两个小时虽然觉得无聊，但内心却是相对平和的。

林音：越容易得到的快乐，也越容易失去。想快速成功，即时满足，把快乐变成一种目标，逃避现实的空虚与痛苦，最后却适得其反。很多人以为快乐是高亢的、刺激的，对我来说它更像是一种内心动态的平衡，是一种感知得非常清楚，能持续和沉淀的心理活动，一种从心底生发的"心安理得"的满足感，绝不是那么几秒钟几分钟的"情绪高潮"而已。对我来说，快乐是精神的平和，心灵的安宁。当我最平和的时候，我也是最快乐的。这就要求我们要在力所能及的范围内，去给自己创造一片精神的净土。

09 世界上只有一种真正持续的快乐，叫心安理得

一白： 你说，快乐的本质不是刺激，而是一种平和，什么时候你是平和的呢？怎样才可以拥有这种平和？

林音： 对我来说，只有尽可能在合理的期待中不断努力，在成长过程中创造属于自己的价值感，内心才可能生出平静的喜悦。这才是最稳定，最持久的深层次快乐。

一白： 这太对了。并不是生活中没有让我快乐的事，而是我的内心好像被什么东西封闭了。我每次饱食一顿之后会顿感悲伤，看完电影走出电影院那一瞬间，莫名有种失落感。我想这些刺激感官的事物，都是用来调节我们生活情绪的工具吧。即使如此，我也无法获得那种真正可持续的，能积累和沉淀的快乐，内心的空虚非但没有减少，反而增加了。我想，应该是因为我没有在做能让我看到未来的事情。我必须得做点什么，要不然，我无法"心安理得"。

林音： 所以最重要、最根源性的问题，是问自己：你想要什么样的生活？你做什么，怎么做，才会感觉到"心安理得"？只有想清楚自己想要的状态，满怀期望朝这个状态去，你才会感到开心。即使暂时遭遇困境，也不会偏激、暴躁，被压力压垮，被绝望腐蚀。

一白： 我常常刷到一些人分享自己生活的视频。他们没有足够的资金、技术和经验，但他们会花很久，可能是几年的时间，来打造自己想要的房子、院子和生活。花一点时间栽种花草植物，蔬菜水果，然后长久地等待，获得果实。而最后，他们真的做到了。我们看到的只是结果，没看到那个艰辛的过程。**我发现，我不快乐也是因为我太**

着急了，失去了慢慢创造的耐心，我只想一步就到位，一步就获得我想要的生活。

林音：但如果你不去尝试，不去开始，你永远都在原地，即使对方只走了一小步，他也在他想要去往的路上。**真正的快乐，永远建立在实际的行动上。**唯有行动，发自内心的行动，才能够改变一切。我认识一个女孩，她梦想的生活是成为旅行家，她喜欢开摩托，希望自己能开着摩托车去往各地旅行。别人都觉得不现实，认为这不是她那样柔弱的女孩能够实现的。但我亲眼看到，她花了 4 年的时间一步步做到了。健身跑步，锻炼自己的体能；利用不上班的空闲时间，学习开摩托车；看摄影和拍摄教程，学习拍摄视频；研究各种旅行杂志和媒体，学习如何写体验文案和包装自己。现在，她是一名旅行 vlogger（视频博主），签约了好几家旅行媒体，还有一众追随她的粉丝。

一白：所以，我看到的这些人总是怀有希望的。我总在想，他们的生活跟我一样，没有什么大的波澜，为什么他们会感觉到动力？感觉到快乐呢？在看似跟我毫无差别的生活中，他们已经在慢慢寻找机会，做着各种各样的准备，去追求自己想要的生活了。**这种快乐，是发自内心的满足，是一种精神上的"心安理得"。**每一步微小的努力，在别人看来微不足道，但实际上都是有价值的。

林音：每个人获得平和与安宁的方式，根源上来自他的三观——世界观、人生观、价值观与现实的平衡。不管一个人逃避多久，在痛苦里沉沦多久，想感受真正的快乐，终究得想清楚，自己想要的是什么。即使暂时达不到，也不能完全放弃。你需要问你自己，对你做的事，度过的每一天，你心安吗？对你这个人，你觉得满意吗？**快感只**

是一个瞬间，但快乐是一个过程，是要付出努力和代价的。

一白：所以一个人心里一定要有希望，有自己真心想实现，也能努力实现的目标。我看父辈的照片，他们眼里都是有光的。那时虽然工资很低，但他们坚信能通过自己的努力创造价值，过上自己想要的生活。而我们呢，一旦感到目标离自己太远，怎么够也够不到，就觉得活着怎么那么难，不会再抱希望，对人生只剩下厌烦与悲观。

我很喜欢读一些人物传记，特别是科学家们的传记。在做科研的过程中，可能二十年，三十年，他们的科研工作都不一定有成果，可他们不会感到彻底的无力。他们在做科研的时候，虽然心里没底，但只要做了，只要有一点进展，内心就会生出一种平和的快乐和喜悦。

林音：这让我想起，刘慈欣在小说《球状闪电》中写的一段话，一直让我很感动。他说："过一个美妙的人生并不难，你选一个公认的世界难题，最好是只用一张纸和一支铅笔的数学难题，比如哥德巴赫猜想或费尔马大定理什么的，或连纸笔都不要的纯自然哲学难题，比如宇宙的本源之类，投入全部身心钻研，只问耕耘不问收获，不知不觉的专注中，一辈子也就过去了。人们常说的寄托，也就是这么回事。或是相反，把挣钱作为唯一的目标，所有的时间都想着怎么挣，也不问挣来干什么用，到死的时候像葛朗台一样抱着一堆金币说：啊，真暖和啊……所以，美妙人生的关键在于你能迷上什么东西。"世界上可能有无数让人产生快感的事物，却只有一种真正的快乐，叫"心之所向"。

一白：现在我也相信，有一天，不管多远，我也会去做我想做的事情，我也会感知一种真正的快乐。因此，从现在起，所有的努力，不再是盲目的，是为了那份"心之所向"。

心理 锦囊

1. 切忌不做"工具人"，从小应该学习如何快乐

你一定听过这句父母对孩子说的经典话语吧：我不希望你有多大的成就，只要你健康快乐就好了。说这话的人，又有多少的行为是在真正实践着"只要快乐就好了"呢？

从小到大，几乎没有任何人告诉你要做一个拥有快乐能力的人，没有人引导你锻炼和提升创造快乐、感知快乐的能力。

终有一天，我们会意识到，感受快乐是最重要的。那时我们还能够找回感知快乐的能力吗？

很多人从小到大都在学习，追求成绩，完完全全被当成了一个实现他人目标的"工具人"。有一天，或许他们能取得好的成绩，拥有比别人优越的天赋，磨砺出各方面的技能，但唯独不会快乐。

无论如何他们都无法让自己快乐。

为什么做了很多努力，最终却没有好的结果？为什么花大量时间学习，却总是效率很低？

首先，一个人做事情感觉不到基础性的快乐和满足，就没有内在动力去做，硬逼着自己完成，最后也只会事倍功半。这就是"内驱力"的力量。

我们的教育一直强调人要能吃苦。"吃得苦中苦，方为人上人。"杜绝享乐主义。**吃苦耐劳的生活态度本无可厚非，但我们把享乐与快乐混为一谈，把快乐跟成功彻底对立，把苦难当成唯一的意义，却弱化了感知和创造快乐的能力的重要性。**

一个不开心的人去学习，大量的时间损耗在低落和对抗的情绪里，内驱力无法被激发出来，只是被动地吸收知识，而没有自发地沉浸其中。最后发现，花了十分的力气，却只得到了一分的结果。

其次，在结果和目标导向的世界里，人会对身边的人和事变得麻木，钝化快乐的感知。

很多人认为只有结果重要，实现目标重要，只有活生生的，能看到的东西重要；而身边的东西都不重要，玩耍不重要，跟同伴交流不重要，交朋友不重要，谈恋爱不重要。但到你成年之后，你又需要按部就班去完成一项项的任务。一个人又怎么有时间去找到属于自己的快乐，如何去发展自己创造快乐的能力呢。

实际上，快乐，是一种十分重要的能力。快乐跟成功并不对立，反而能互相促进。一个能感知快乐的人，其内心有更多的力量和能力平衡理想与现实，平衡生活与压力。面对生活的困境，他有能力实现自己想要的人生。

2. 努力追求财富，但不要丧失自我

越有钱，就会越快乐吗？

一些研究结果显示，人们的幸福程度和对生活的满足感会随着收入增加而持续提升。收入越高，正面的情绪越多，负面的情绪越少。

即使没有这些研究，我们也能通过各种媒体报道和影视内容了解到，"有钱的快乐是无法想象的"。但，这种快乐有上限，有条件。

我们很多人在小时候就被灌输一种人生理念：决不能成为一个拜金主义者。狂热的拜金肯定是不可取的，但这不意味着我们要完全压抑内心对于物质的渴望。我们生活的这个世界充斥着物质的价值观，流行着一种以追求财富为主要导向的潮流，导致很多人内心对钱的感受是非常矛盾的：我喜欢钱，想赚钱过更好的生活，但是我又觉得我不能太爱钱，好像这是不对的。这种矛盾的内在冲突，潜移默化地影响了一个人的人生选择和对财富的基本态度。

我们可以在法律和道德允许的范围内竭尽所能地追求财富，这很正常，也确会给人带来快乐，但它却不能当成唯一的最重要的生活动力。因为非常多的心理问题都和不健康的金钱观、财富观、人生观有关。

社会心理学家与社会评论家珍·特吉在她所著的《Me 世代——年轻人的处境与未来》一书中说："把财富当成生活动力的人比重视人际关系的人更容易感到焦虑与忧郁。研究发现，金钱无法让我们永远快乐，当收入达到可以维持生活的标准之后，更多的收入不见得能够提高生活的满意度。"

当人的基本需要获得满足后，额外的收入对提高人的幸福感帮助有限。这给我们提供了一个角度，赚钱和快乐同等重要，并且某种程度上，它们是可以兼顾的。

我们必须得承认，有更多物质财富的人，的确有更多的选择。有选择就更自由，有自由，就会有更多的幸福感。精神的自由永远跟物质的自由是分不开的，但是物质的自由，不一定导向精神的自由。在追求物质的路上，当你的劳动跟回报不对等的时候，你会陷入非常大的无望感和无力感之中。

不要因为陷入追求利益的沼泽，而完全忘却生活本身。

如果你把财富当成唯一的生活动力，大脑里面只有赚钱这两个字，盲目信奉"穷就是原罪"，忽视和他人之间的关系，忽视自己的身体和心理健康，一旦没能实现物质上的目标，或暂时陷入人生的瓶颈，你就会心态爆炸，迷失自我，陷入巨大的焦虑。这会让你很容易不再做出任何努力，错失一些原本能让你获得资源和财富的机会，也会让你离快乐越来越远。

不要因为过度贪婪和对现实的不满足，被赚钱这件事控制和裹挟，进而在潜意识层面埋怨世界的不公，憎恨自己的无能。

我们需要和财富本身建立一个良好的关系，调节欲望与现实之间的平衡，对自己进行一个不断的正向激励，激励自己去努力赚钱，获得更好的生活。需要看重每一分努力带来的回报，而不是对它嗤之以鼻。延迟和延长自己满足的时间，而不是一点没有到位，短时间内看不到结果，就十分焦虑，立刻想要放弃。

还有一点，我们始终要记得，赚钱终究只是一种手段，你想要好的生活，才是最终的目的。

3. 无意识无意义的攀比，是最不划算的事

至今我无法理解的事情之一是，人们如此热衷于比较，到了近乎疯狂的地步。

大多数人从小到大，一点小事，都会被拿去比较。比如你家的孩子比我家孩子长得高，你家的孩子数学成绩比我家的好，你家的孩子上了三个培训班，我家的只上了两个，你家的孩子眼睛比我家孩子大，你家的孩子比我家的勤快，你家的孩子比我家的性格好……

这样的比较是无止境的。

刚出生的时候，别人家孩子的头发多，长得壮一点；再大一点，别人家的说话早，更聪明；再大一点，别人家的孩子更有礼貌，会跟别人打招呼；再大一点，别人家的孩子学习成绩好，排名很靠前，深得老师跟大人喜欢；再大一点，别人家的孩子考了更好的大学，毕业找了月薪更高的工作……

你有没有发现，有些人一辈子都在比较的模式里面，他的存在，就是为了比较。

适当的比较是好事。人可以在比较中找到自己的位置，认清自己，不断精确自己的身份和评价，在同伴压力和群体关系中促进本身的发展，活得更好。人不可能是完美的，你永远会在某些方面比别人差。可你有没有在比别人差的时候去思考，我要如何改善这一点？你有没有在发现比别人差的时候，看到你自己也有好的地方，利用你的优点，创造出自己的优势？

没有。

大部分的时候，一个人会在无止境的比较中心理失衡，觉得自己什么都不好，陷入完全自我否定的模式里，开始迷失自我，焦虑生病。如此，比较就失去了它原本该有的正向功能。

真正合理、客观的比较，有纵向和横向，有不同的深度和广度。但很多人比较时使用的都是单一维度。比如那个同学中曾经排名最靠前的人，长大就一定是过得最好的吗？一定是事业最成功，家庭最幸福的吗？一个25岁结婚的人，就一定比30岁、35岁结婚的人幸福吗？一个有孩子的人就一定比没有孩子的人人生完整和幸福吗？如果你在单一的标准里比较，得到的终究是偏颇的结论和被过度影响和扭转的人生。

这样，一个人会快乐吗？

沉迷比较的人一般是不自信的，没有安全感的。他的自我，像羽毛一样在这个世界里摇摇欲坠，他只有通过比较来获取安全感，通过压制别人而获得微弱的自信，这样的人心理是不健康的。所以很多时候，我们发现一些一向成绩极为优异的学生只要有一两次失利就直接心理崩溃。因为他不管如何要在学习成绩上压过别人，如果做不到，他就非常痛苦。

另外，要找对比较的对象，我们既要"向上看"，和比自己牛的人比，看到自己的不足；也要学习"向下看"，看到自己的价值，保护自己的自尊心。真正心理成熟的人，会依据自己的情况，选择最利于自己内心健康，促进自己成长与进步的比较方式，有选择性地，而不是盲目地比较。

4. 快乐的动力源泉：找到心中目标，行动起来

你有过特别热爱的事物吗？你现在还保留着以前的爱好吗？曾经被迫放弃的热爱，你现在还会惋惜吗？

看过一个纪录片，问从几岁到十几岁不等的孩子的人生理想时，

答案五花八门：有公交车司机、社会义工、心理咨询师、航行家、登山员、演员、刑侦专家、游轮服务员……他们诉说自己的人生理想时，眼里是有光的。

这种光芒，就是快乐的根源。

他们并不知道，很多答案，在某些父母眼里，是拿不出手的。"你就这点理想？""这个不适合你""这一行不赚钱""你以后会后悔的"……

价值观看似更加多元的时代，我们越来越受限于浮于表面的价值观，唯金钱和别人的评价为单一的人生衡量标准，稍微与众不同一点的人生理想与选择，甚至是个人兴趣，都无法被尊重。我们完全臣服于逻辑和理性，而忘记了最本能的喜欢，轻视那种忘我的状态能够创造的价值和成果。

一个人真正快乐的源泉，是用本能去感知这个世界时，内心层面油然而生的一种感动，是追逐现世目标时，也不忘记在日常生活中不断增强对快乐的觉知力。神奇的是，这种力量，能带你走得更远，站得更高。而太多人，都忽视了这种心理动力本身具备的巨大能量。

就像 60 年来第二位在好莱坞星光大道留名的著名华裔女星刘玉玲在留名仪式上所说的："我从未想过开疆辟土，成为先锋人物，也从未给自己设定目标要做第一人，我只是，单纯在做着自己热爱的东西。"

永远不要轻视热爱本身的力量。你只需要付出行动，行动，再行动，就能把它变成实际的成果。

5. 致亲爱的你：这个时代不仅要追求物质，更要让灵魂完整

人啊，总是在羡慕自己没得到的东西，反而因此失去更多。

小时候，我喜欢走在田埂上，"视察"着每家每户的农田，像一个村主任，感觉自己对所有村民的幸福都负有责任。我对所有的事情感兴趣，为什么一颗小小的种子能长成那么多不一样的食物，西红柿，西瓜，丝瓜，黄瓜，土豆，草莓，桑葚……我看到麦田里麦子的小脑袋随风飘扬会感到莫名的开心，我赶着牛羊，望着天空，感觉自己是宇宙的孩子。我总是莫名其妙感到欣喜，快乐，拥有着天马行空的想象，总能想象和创造有趣的故事。

很多年后，我才知道，那叫灵性。我不知道的是，这也是一个人获取快乐的能力。而这些年，我已然失去了很多"灵性"。

其实，我们与生俱来就有一种感知真实、获得快乐的能力。**这种对于世间万物最真切的感知力，能让我们通过一件件微小的事物，感受到一丝活着的乐趣，引发灵魂激荡的涟漪。**在心理学家荣格的语境中，就是每个人"自性化"的方向，是一个内在的、圆融的，而非外在、世俗、可量化的心理目标。只有拥有这种从内心深处认可和向往的目标，有发自心底的热爱，才是人生快乐的动力源泉。

人追求现实生活目标的同时，也需要精神上的成长和成熟。心理学家荣格将一个人精神成长的最终目标，称为"自性化"。它指的是完成自己"自性"内容的整合，精神得到最完满的发展，处于长久的平静与满足状态。他认为，这是一个人成长为"是其所是"的过程。

对于"自性化过程"，河合隼雄先生通俗易懂地解释道："人从

婴儿出生到长大成人，在此过程中需要不断适应自身所属的社会，从中获得地位，寻找伴侣、组建家庭，获得安定。但是到了中年，人会面临一个本质性问题，我究竟是谁？我从哪里来？围绕这个个人的实际问题，社会没有给出明确的答案，必须自己寻找。荣格认为应该通过个人的无意识去解决。在无意识层面的意象中，每个人从中寻找自身的答案，这就是'自性化过程'。"

人的"自性化"，是直面内心原本压抑、不愿正视的那个自己，全面接纳优点与缺陷，从而构成完整的独立个体。在整合的过程中，凝聚出专属于自身的人格。

所以，我们要生活得好，不仅要拥有物质，也要让灵魂完整。

对我来说，第一步是，在心中创造一个属于自己的精神家园。那个精神家园可能是书，可能是电影，或者是自己所坚持的一个目标跟梦想。总之，只有你自身内在足够丰富，才有可能抵御外界过度的刺激，以及一些过于重复和低俗的信息干扰，能够专注于你想专注的事情，并不会时常感到内在的空虚。

第二步，寻求一些能让你开心的新的生活方式，拥有更丰富的"人生面向"。

所谓"人生面向"，指的是一个人自我身份的多元化程度。

那些有着更为丰富的人生面向的人，不会觉得快乐只有一种。他们会为自己创造各种各样不同的身份，类似现在的斜杠青年（拥有多重职业和身份的多元生活的人群）。

当你觉得现在的生活没意思，可以转向其他的方向，发展其他的兴趣。比如你是一个会计，但也可以是一个拳击手；你是一个行政人员，但你也可能是一个滑板爱好者；你是一个技师，但也可能是一个沉迷手工的人……人可以在可能的范围内，创造很多身份，找到新的乐趣。

如今，在被高速的信息裹挟，被大量知识碎片割裂，被虚假的快乐填充，内心日渐麻木的时候，很多年轻人除了"躺平"外，也开始寻找一些新的生活方式。

有的人在攒够一些钱后返回农村老家，或者找一个比较偏僻却风景好的地方定居，旅居；有的人和朋友抱团取暖，一起做一件有意义的事……

大家都在思考未来不同的生活方式，只要是适合自己的，让自己能够感知更多的满足和快乐的，都愿意去尝试。如果我们不喜欢城市生活，觉得充满了焦虑、拥挤，那是不是可以再努力奋斗几年之后，选择一个更舒适更轻松压力更小的地方生活？每种生活方式的背后，都是一种自我的探寻。

不管是以何种方式，在什么时间，我们都会慢慢找到我们所期待的、适合的、能够接受的那种生活，一直主动学习，感受和创造属于自己的那份快乐。

第三步，找到能让你投入的目标，并为之付出努力。

投入一件事，是解决我们人生中大多数空虚浮躁的最好方法。想清楚自己想要的状态，满怀期望朝这个状态去努力，即使在面对很多现实的诱惑、焦虑的裹挟时，也要保持清醒的头脑。要知道快乐这件事，一定是跟内在自我的满足息息相关。

如果你按照他人规划的方向，追寻他人认为合适的目标，那么无论你取得多少成果，在午夜梦回之时，你还是会面对内心真正的渴求，灵魂的拷问。

所以，如果不想陷入日常生活造成的无力，不想重蹈他人的覆辙，一定要找到，或者找回曾经那个让你心动不已的属于自己的想完成的事情。不要犹豫，一定要行动，对快乐的觉知力才不会钝化。

最后，别忘了，活着本身，就是人生最重要的意义之一。

在追求所谓生活的目标时，你可能会感觉到，我的追逐为什么这么困难，我的目标为什么这么遥远，好像一切奋斗都没有意义。这时，你要记得，那些看似庸常而无力的生活本身，就蕴含着很多你没有发现的惊喜和能让你感知快乐、继续前进的力量。

也许，你需要停下来，像电影《心灵奇旅》中被22附体的乔伊一样，吃一口比萨，摘一片树叶，仰望星空，驻足停下听地铁站里的流浪歌手唱歌……

吃比萨的瞬间，看见叶子掉落的瞬间，抬头仰望蓝天白云的瞬间……它都是用本能去感知这个世界。不需要条条框框的原理和知识，人只要凭直觉，就会知道这个世界很美，而有力量。

《心灵奇旅》导演彼得·道格特在接受采访讲到22吃比萨这个片段的创作灵感时说："我记得有一天我骑自行车路过一棵树莓树，停下来摘了一颗吃，它被太阳晒得暖暖的，是我吃过的最好吃的树莓……我至今仍然清晰地记得那个几乎毫无意义的时刻。然而，我们生命的任何一个超然时刻，都可能定义我们生命的意义。"

第 **6** 章

恋爱失格

回避型人格的我,
终于学会了拥有亲密关系

> 我觉得,喜欢一个人,是尽可能参与对方的世界,成为他人生旅途中的最佳队友,但又不强行改变他的人生方向和价值观,让他可以做自己想做的事,过自己想过的人生。

01 高依恋回避者：
逃避，是永远的人生主题

时隔一年多之后我再次见到简亦。

她的状态与以前完全不同，自信从容，满脸洋溢着阳光。她告诉我，她谈恋爱了，已经有一年有余，关系稳定。这件事让她身边的人都十分惊讶，因为她曾经是极为逃避亲密关系的人。

简亦曾告诉过我，自己已经做好了这辈子都遇不到适合自己的那个人的打算。即使遇到了，也无法很好地经营和坚持恋爱关系。所以她不打算恋爱，也不打算结婚，就想自己过一辈子。原因是，她对亲密关系充满恐惧，是一个"回避型依恋者"，也可以叫"高依恋回避者"。

回避型依恋者在情感交往方面，缺乏安全感，很难相信他人，心理防御水平高，个人边界感强，是"性单恋"的高发人群。他们喜欢自己处理问题，容易和另一半形成假性亲密关系；而对待自我方面，自尊水平低，会对自我产生厌恶情绪，情绪不稳定，过分敏感多疑；在感情里，会通过试探对方，来判断对方是否喜欢和在乎自己。

回避型依恋者，在恋爱里最典型的表现就是口是心非，既渴望被爱，但又害怕被爱。渴望亲密关系，又害怕亲密关系。

在亲密关系中，回避型依恋者的外在表现可能是这样的：

- 总是很独立，什么事都喜欢自己解决。
- 给人感觉忽冷忽热。
- 如果吵架了，容易陷入冷战期，如打电话不接，发信息不回。
- 容易抑郁，会偷偷躲起来一个人哭。

但实际上，回避型依恋者的内在心理却是这样的：

- 缺乏安全感，不轻易相信任何人。
- 付出的前提，是确信自己不会被伤害。
- 习惯独处，习惯一个人消化情绪和解决问题，独处让自己感到安全。
- 容易美化伴侣和爱情，容易对伴侣失望。
- 常常自我否定和怀疑，觉得自己不值得被爱。

作为一个回避型依恋者，简亦从小就不知亲密为何物。在幼年的大部分时间里，她都是自己一个人度过的。按她的话说，她跟人类这种生物充满了距离感和疏离感，不知如何亲密和交往。这看似夸张的表达，却充满无奈。每次一遇到喜欢自己的人，她就无法靠近。对于自己喜欢的人，连基本的交流，都显得十分吃力，更别提有勇气去追求了。**对她来说，爱是一次次伸出想触碰的手，最后又逃离。回避，是她一生的痛。**

这些年，总是有不少人问我，"回避型依恋者要如何去爱一个人呢？"他们向我坦陈，自己没有爱的能力。我才知道，原来"**爱无力**"的问题，如此普遍和严重。

有研究表明，回避型依恋者在人群中高达 15%，这样的依恋模式往往会影响他们的婚恋态度。他们会形成一种障碍，无法与人建立真正的亲密关系。

以前的简亦也十分爱无力。**她一次次错过不错的对象，无法克服内心的魔咒。她开始对自己猛烈地攻击，认为自己无可救药，会孤独地度过一生，甚至到了抑郁的程度。**

直到有一天，她遇到了一个自己喜欢也喜欢自己的人，决定不再坐以待毙。这三年，她花了大量时间研究自己的回避态度究竟出于什么原因，做心理咨询，疗愈过去的一些负面影响，鼓起勇气向一些人请教如何面对和克服回避型依恋，最后在不断尝试中提升自己，重塑安全感，慢慢克服无法建立和维持亲密关系的障碍。

在长达三年的自我疗愈过程里，简亦反反复复，前进一步，又后退，再前进一步，不断突破自己的心理界限。从完全不相信自己能获得爱，不知道如何去爱，回避一切亲密关系，到现在能够鼓起勇气去尝试，拥有稳定的亲密关系，在关系里成长和疗愈自己，简亦走出了一段艰辛而漫长的个人心理超越之路，她的经历也许可以给很多对亲密关系感到无力的人带来启示和安慰。

我和简亦的对话，就此开始。

02 "若即若离型"恋人，本质也向往亲密关系

林音：以前，你总说自己在恋爱里习惯回避亲密关系，但每个人回避的原因和表现都有所不同，你的回避是用什么样的方式，有什么

表现呢？

简亦：首先，我很难喜欢上一个人，很难心动。好不容易喜欢上了，反而会保持距离。如果对方对我有好感，他靠近我一步，我就退一步。我的情感状态总是非常不稳定。当我鼓起勇气往前进一步，下一秒可能就会退回来。

林音：你觉得你的情感模式为什么会呈现进进退退、反反复复的节奏呢？

简亦：一旦进入到实质的亲密关系阶段，我就不知道该如何继续了，也不知该如何走入对方的内心世界，所以就显得在感情里犹豫不决，忽冷忽热。我就是典型的"若即若离型恋人"吧。

林音：为什么你不知道如何继续呢？当别人靠近你时，你是什么感觉？

简亦：你养过刺猬吗？这跟养刺猬是一样的。它不是不想靠近人，就是天生带了刺。别人靠我太近，我会觉得很不舒服。**这种警觉性会让我一下子把身上的刺都竖起来，保护自己，瞬间逃离。**

林音：所以你的回避，是在回避跟一个人有真正情感上的联结和实质性的亲密接触。"把身上的刺都竖起来"体现了你心理上的一种"被动的攻击性"，说明你在恐惧和害怕什么。

简亦：我从小对人就是比较疏离的态度，因为没有体会过跟人之间的亲密感，所以一靠近别人，或者别人一靠近我，我就觉得有种莫名的抗拒感和陌生感。从小看到一些人与人之间的相处模式，极大地影响了我对亲密关系的看法，甚至影响了我与人相处的方式。

林音： 你是说，因为你没有从父母或家人那里感受到亲密的联结感，所以不知道亲密是一种怎样的感受，以及如何与人亲密起来吗？

简亦： 对。可能我跟他们之间没有一种联结吧。我认为，亲密是一件自然而然的事情，爱的能力也是。我特别羡慕一种人，跟别人相处的时候，让人很舒服，他们自己也非常放松。但我不行，我只要跟人过于亲密，就感觉很别扭，很敏感，很尴尬，会"脑补"很多，特别想躲。

林音： 人与人之间的亲密感是一定要习得的，自己也要亲身感受，不可能凭空生出来。你所指的影响你一生的"人与人之间的相处模式"是什么样的呢？

简亦： 我所看到的相处模式总是充满着争吵、矛盾、冲突、疏离、混乱等。**我一直不明白，人与人之间，明明距离那么相近，为什么心与心却隔着一层厚厚的墙。**我不知道亲密具体是一种什么样的感觉，我只是通过看书和视频以及与我无关的人的故事，来了解人与人之间那种很深的羁绊，并对此非常向往。

林音： 你所说的疏离或混乱的相处模式，具体是指什么？

简亦： 从我记事开始，父母就是两天一小吵，三天一大吵，这么多年都没长进。刚开始我很痛苦，毕竟是自己的家人，我也会想办法去解决，三天两头地劝，劝完这个，劝那个，总是这么反反复复。但是时间久了，真的就习惯了，没有力气去管了。

林音： 从小到大，你一直是一个家庭调解官的角色。你是小孩，反而要像大人一样，去照顾情绪失控或者无法处理关系的大人，调节他们之间的关系。这样你会很累吧。那时，你是什么感受？

简亦：每次我受不了这种焦灼的关系时，就会想象自己是不属于这里的人，这里发生的一切与我无关。我把自己关在房间看小说或者写东西。有时候，我还会幻想自己曾经看过的电视剧里的人物来跟我对话，或者想象自己变成了电视剧里的人物，逃离现在这个世界，这样我会感觉好很多。

林音：看来，从你很小的时候就开始"**情感隔离**"了。你用头脑中的想象，将自己与现实中某种不愉快的情景隔离开来，在心里筑起一道心墙，把内心产生的负面情感给隔离掉，以避免由此引起的焦虑与不安。为了活下去，你强行把自己变得冷漠。只有这样，才可以让自己不因为家庭里过多的负面情绪而痛苦不堪，深陷抑郁，这是一种铁桶式防守般自我保护的心理防御机制。**为了保护自己，而冰冻了自己的心。**

简亦：对。因为我无法应对，也不想面对。我始终不能理解，人与人之间的关系为什么那么复杂，为什么不能简单地互相照顾、陪伴、理解和支撑，总是充满各种各样的烦恼与冲突。

林音：每当你感到现实的状况让你无法忍受时，你会想象自己变成什么样的人物？

简亦：就是很普通的家庭中的一员。我看《摩登家庭》或者《成长的烦恼》，就会想象自己是里面家庭中的一个孩子，我十分羡慕他们。每次看到电视剧里的家庭很开心、很温馨的画面时，我都会感觉到心里一阵刺痛。这么多年了，还是这样。

林音：听起来，你非常向往亲密的人际关系和家庭关系。

简亦：准确来说，我认为每个人都是想要去体验和感受爱的。我最大的愿望，就是在一个普通的、幸福的家庭中长大。但很不幸，我以前觉得，自己可能一辈子都无法了解生活在一个幸福的家庭是什么感觉了，人与人之间那种自然的亲密对我而言遥不可及。

林音： 所以你不是不想爱，而是不敢爱。既然你向往人与人之间的亲密关系，那么这种向往不会激发你去尝试爱一个人吗？你抗拒和回避的原因是什么呢？

简亦： 如果你和我一样，在那样的环境里长大，就会养成一种惯性，就是对人、对关系、对现实的失望。在现实生活中，很少出现电视里的那种美好的感情。即使有，也不可能属于我。我从来都没有体验过，也不知道这辈子是否会体验到，每当这种时候，就感觉很绝望。

林音： 所以，你回避亲密关系和深度人际交往的根本原因并不是简简单单的自卑，或者经历了人生中的一些创伤，而是你从小几乎没有体会到发自内心的、与另外一个人的亲密联结的感受，从根源上没有与父母或重要他人建立一种本质的安全型依恋关系，所以你无法也不敢尝试与其他人建立亲密关系。你的回避已经成为自动化的反应，没有选择的余地。

简亦： 对。这是一种天然的抗拒。我难以克服这种回避的自然倾向。因为只要一进入到深层次的关系，对我来说就是一个彻底的盲区。我不知道会发生什么，不知道我们的关系会走向哪里，对方有什么变化。我的害怕，就是一种本能的恐惧。恐惧亲密会让自己堕落，让自己受伤，体无完肤。

林音： 我觉得，一个人对亲密关系的若即若离态度的深层次原因，逃不开家庭环境和成长经历的影响。也许他看到父母无休无止地争吵，家庭中彼此攻击与伤害，打压和控制，一次次对亲近之人失望。充满痛苦、疏离、对抗的家庭关系，父母之间的感情悲剧，让他觉得人与人之间的纠葛太复杂，情感太脆弱，没有安全感。有时他感到自卑和恐惧，自以为没有爱人的能力，所以他绝不轻易敞开心扉，轻易进入一段关系。好不容易喜欢上一个人，也不敢尝试，害怕曾经的亲密有一天全都演变成恨意。害怕对方有一天会离去，这种离去撕裂的不仅仅是他的感情，还有他对这个世界和人性最后的信任。因为这会证明那个可怕的事实：所有感情都经不起风浪，人终是最善变的动物。**与其前进一步，面对关系崩塌的危险，不如选择安全地待在原地。最终，因为恐惧，所以逃离。**

简亦：这就是我这么多年所做的，一直待在原地，无法前进。

03 在感情中强调"边界感"，是害怕因为他人丧失自我

林音：你很害怕进入到一段关系，如果进入到某段关系，你会怎么样呢？

简亦：首先我会觉得很麻烦，会有各种各样的问题发生。我已经习惯一个人生活，一个人处理自己的情绪和事情。如果有个人每天跟我黏在一起，我会很不舒服。我从小见过太多争吵，会觉得人与人之间靠太近，是一件很恐怖的事情。**就像刺猬一样，一旦靠我太近，我就会觉得有危险，自己身上那个刺就突然一下冒出来。**

林音：你理想中的感情，是有距离感的，有边界感的。每个人有自己的空间，彼此不要管太多，更不要黏在一起。

简亦：没错。很多人喜欢心动的感觉，喜欢牵挂着另一个人的感觉，我却觉得可怕。我不喜欢花费那么多时间，只为琢磨另一个人的心情；不喜欢自己为一个人患得患失的样子，在意到有时甚至睡不着觉；不喜欢一心一意扑在对方身上，失去了自己生活的重心。我不愿因为感情，失去自己的理性和骄傲，变成一个被对方一言一行、一举一动牵动的傻子，那一点都不像我。

林音：你不喜欢依赖一个人的感觉，是害怕爱上一个人后被他改变，失去自我。过度依赖一个人的感觉，让你十分害怕。你在担心什么呢？

简亦：担心发生变化。往往你越在乎一个人，就越害怕他离开你，害怕他不再那么喜欢你。我不要给别人这样的机会。**如果在感情里，我没有绝对的把握，没有主动权，我就觉得很没有安全感。**

林音：你的自尊心和自我保护欲不允许你这么做。所以，你总是要花很多时间来确定一个人会不会对你好，是不是真心喜欢你，他会不会变心。

简亦：是的。没确定之前，我都会刻意保持距离，默默观察体会，直到确定对方是一个值得托付和信任的人，我才会真心付出，豁出去爱。这也许就是别人说我"冷"的原因吧。

林音：心理学家奥托·兰克说："在亲密关系中，人们有两种恐惧：害怕被抛弃和害怕被吞没。"我们一方面追求自由，想做真实的自己，另一方面想黏着对方，又怕被融合。你害怕感情里的过度干涉和交融，会导致自我的丧失。

简亦：因为感情真的能改变一个人。我父母年轻的时候，都是比较温柔的人，不知道为什么，在之后的相处中，那些普普通通平平凡凡的日常交往，竟然变成了两个人搏杀的原因。**他们好像都长出了满身的刺，说的话都变成利剑射向对方。**这让我对所谓的爱情和婚姻产生了极大的怀疑。人一旦陷入一段关系中，就会被这些东西搞得精疲力竭。任何一点小问题，都可能成为关系里冲突的导火索。再加上这些年不断出现的各种社会事件，更加让我无法相信任何人。

林音：所以，你觉得人要保持一定的距离感。太亲密的关系，总是会出问题，而你也更害怕一段感情会改变原本的你。

简亦：以前，我也尝试过和他人交往。后来我发现，不管是内心还是身体，对对方都有很大的排斥。只要关系一开始变得亲密，我就觉得浑身不自在，很想逃离，后来索性放弃了。看着身边的朋友谈恋爱，恨不得跟对方24小时黏在一起，一分开就很想念，我不仅不羡慕，还觉得这种关系让人窒息，很不舒服。不管多喜欢一个人，我都希望有自己的私人空间，一个没有人可以随意侵犯和打破的自由空间。

林音：我想，这个空间不仅是现实空间，更是一种属于你的舒适的心理空间。你需要的是一种认真但有边界感的爱。

简亦：对，边界感。因为我见过太多以爱的名义行控制之实的人，以及以爱为筹码要求甚至要挟对方为自己改变的人。那种"你必须怎么样""你应该怎么样""你不怎么样就是不爱我"的关系真的让人窒息，本质上就是以爱之名，把自己的喜好强加于他人身上，评价和改变对方的人生。这根本不是爱。**我觉得，喜欢一个人，是尽可能参与对方的世界，成为他人生旅途中的最佳队友，但又不强行改变他的**

人生方向和价值观，让他可以做自己想做的事，过自己想过的人生。

林音：如同心理学家弗洛姆所说："如果我爱他人，我应该感到和他一致，而且接受他本来的面目，而不是要求他成为我希望的样子，以便我能把他当作使用的对象。"**即使再炽烈的爱，也需要尊重每个人是独立的个体，拥有属于自己的边界。**两个人应该在相对的独立中保持沟通，和而不同，共同成长。这样说来，你的这种回避，实际上是一种对自我的保护。

简亦：我常常会遇到喜欢给别人做人生导师的人。他们会教育我："女生不要太累""这份工作不适合你""人不应该这么活"……最开始我觉得他们是出于好意的关心，非常感谢他们；可是慢慢发现，他们是在否定你多年的努力，不认同你所认为的人生价值，看不起你自以为追求的幸福。他们喜欢教人做人，自以为是地对你进行教导评价，但每个人都有自己的追求和评价标准，不能强求你改变内心的真实想法和坚持。

林音：爱不是控制争斗，彼此消耗，而是一种长时间打磨出来的默契，是一种日渐积累的自然的相互欣赏和懂得，互相成全吧。

简亦：对。但问题在于，我的边界感实在太强了。只要对方稍稍越界，我就会感觉到被侵犯的危险。这种树立边界的行为，也让很多人觉得我是个对情感淡漠的人。加上我从小习惯所有的麻烦问题都自己解决，更是让对方觉得我不需要他。实际上，我只是不想把希望寄托于别人而已。

林音：为什么？

简亦：因为我害怕同样的悲剧在自己身上上演。**爱情这种东西，如果不能成为人生的希望，就会成为人生的累赘和痛苦。**所以，一直以来，我宁愿一个人过。

04 追求心理舒适度：
缺乏安全感的人，随时准备逃离

简亦：我对于人与人之间关系舒服度的追求是极致的。当我觉察到对方给我一点点压力或者发现他们有依赖我的苗头，我就马上想要逃离。

林音：在亲密关系中，什么样的压力会让你很不舒服？

简亦：就是很频繁地向你表达喜欢，感觉在逼迫你去接受一段感情，逼迫你快速和对方亲密起来的体会。对一般人来说是正常的速度，但对回避型依恋者来说，会觉得太快了，太有压力了，我对他人施加给我的压力特别敏感。

林音：这是因为你过于缺乏安全感，所以十分谨慎。这会让你比一般人更慢地进入一段关系。

简亦：是的。但别人会觉得你不正常，觉得明明互相喜欢，为什么要保持距离，为什么进展那么慢，为什么要那么矜持。其实，我是一个比较慢热的人，有我自己的节奏。如果对方一下子表现出特别喜欢我、特别想靠近我的话，我觉得那一定是假的。如果一个人很快对我发起攻势，我反而会觉得他的这份喜欢来得快，去得也快，没有什么意义，经不起时间考验。

林音：听起来，你有点在考验对方的感觉，看对方对你是不是真的认真和用心，是不是很快激情就消失。

简亦：我并不是有意考验，只是心墙比较高。因为我见多了那种一开始特别相爱，结果最后变成仇人的例子。我遇到一些人，一上来就急于表达感情，盲目地说喜欢我，但其实他们根本就不了解我。不了解，哪谈得上真心喜欢呢？没有经过深入了解和审慎思考的感情，是非常不稳定的。

林音：为什么你对关系中的心理舒适度要求那么高？对边界的感知那么敏锐？可能一点点不满意，或者不符合你的预期，你就会很敏感地觉得对方不适合你。如果对方稍微打破边界，侵犯了你的个人空间，你就马上想要回避。

简亦：你从小经历过很多让人难受的混乱场合吗？我始终觉得，感情应该是简单的，纯粹的，美好的。如果不是这样，为什么要在一起？一个人与另一个人产生关联，不就是为了活得更好吗？如果我跟另一个人在一起不舒服，那么不如独处。

林音：在某种意义上，你是为了避免冲突和矛盾，所以倾向于建立有边界感的关系。而你对关系里心理舒适度的要求那么高，是因为从小经历过的亲密关系里充满着难受和尴尬。所以，作为"回避型依恋者"，你随时都做着逃跑的姿势。当你发觉对方身上具备某些危险特质，有概率在未来的某一天伤害到自己时，你就会选择当机立断，立即逃离。

简亦：没错。我想，极度缺乏安全感的人，心中随时都有这么一种准备，就是"在你放开我的手之前，我要先放开你的手"。

林音：只有当你确定这个人不会伤害你，他是一个值得信任的人之后，你才会鼓起勇气，走入他的世界。

简亦：是啊，如果我觉得一个人理解不了我，不够安全，我不会靠近。其实我也遇到过一些很不错的人，但最后都放弃了。这么多年，我的心墙越筑越高，高到有时候我无法再走入外面的世界了，因此也很难遇到那个属于我的人。

05 寻求稳定的"情感客体"：像大树一样的存在

林音：我听了这么多你的故事，我觉得作为回避型依恋者，你不是没有能力去爱，只是失望太多次了，不敢再轻易尝试。

简亦：是的。不去尝试，就不会对人失望。这种失望不是对某个个体，而是对人与人之间的感情。如果结果不像我想的那样，就会再一次证明这个世界有多么糟糕，人与人根本不存在真正的亲密，所谓的爱都是谎言与虚假。

林音：所以你才如此坚定地寻找一个能理解你、能接住你内心隐藏至深从未向人揭开的痛苦伤疤的人吧。

简亦：我对于另一半的性格本质、精神品质的确要求很高。希望对方是个包容、有共情力的人，而非单纯看物质、家庭背景等世俗标准。**希望他愿意听我倾诉复杂交错的人生故事，接纳真实的我，为我创造一个安全的小世界，让我能安心交付自己的过往和真心。**那时，我很可能就会摘下最后一层自我保护的面具，走入他的世界。

林音： 是不是某个层面，你也会感到自卑，或者觉得，你这个人，以及你身上发生的故事，不是一般人能够接住的，所以你才会在内心品质上对对方的要求那么高？

简亦： 是的。我喜欢和这样一个人在一起，就是我们什么事情都可以好好商量，他是充满耐心的。我跟他之间的沟通没有障碍，不需要担心他会随时崩塌。

林音： 你在感情关系里寻求的是一个稳定的"**情感客体**"，这个客体总是情绪相对稳定，能给你正面反馈，不会轻易离开你，让你觉得自己是安全的。就像小时候，母亲之于孩子的感觉一样。这样的人，能让你走出过去的经历对你的影响，让你克服回避。

简亦： 就是稳定，是那种不轻易动摇，很难撼动，可以默默陪伴和守护你的存在。

林音： 这样的人，就像一棵大树一样那么牢固。我似乎明白了，你为什么那么强调稳定。因为一个人的安全感就来自于此——客体稳定性。"客体稳定性"是维持客体稳定形象的能力。心理学研究发现，我们在婴儿时期，如果与母亲产生了良好的依恋关系，孩子在一岁半时才能形成"客体稳定性"的概念。这时，把一个事物从婴儿眼前拿走，他不会太慌，因为他知道这个事物仍然存在。母亲离开了，他也不会焦虑，因为他知道母亲还在，也一定会回来。但在客体稳定性的概念没有形成前，他会认为这个事物一旦在他眼前不存在了，那就彻底消失了。如果母亲与孩子有高质量的稳定关系，那么孩子在三岁时就能形成情感稳定性的能力，孩子会知道，已经建立的情感就是稳定的，不会随着关系的改变而轻易发生改变。**为什么有些女孩那么"作"？**

因为只要对方一消失，她就害怕他会永远消失，就像自己的母亲（或其他重要抚养人）一样。所以在你的内心，或许还有一种婴儿式的渴望，就是希望有一个稳定的情感客体，能让你不焦虑和恐惧。

简亦：对我来说，我现在的男友就像一棵大树一样。我跟他待在一起，十分有安全感。

06 真实，
是克服一切感情障碍的通行证

林音：你遇见了那么多的人，为什么只有现在的男友给你这样的感觉？他做了什么，让你能够去依靠？

简亦：两个字——真实。如果我要在一个人面前做自己，展现真实的自己，那么我觉得我面对的这个人，肯定也是真实的。如果一个人喜欢伪装自己什么都好，家庭幸福，性格完美，没有缺点，我反而觉得他没有安全感，虚假，我也不会对他敞开真正的自己。但是我现在的男友不同，他会自然地展露自己的性格缺陷，暴露内心最脆弱的地方。那个时候，我真正觉得这个人跟我一样，是一个实实在在的人。他也追求那种彼此深度的理解，但比我更有力量。因为我们成长的环境不同，他的整体表达，包括亲密，都是非常自然的，不别扭，不造作。

林音：因为"回避型依恋者"天生很敏感，或者在后天的成长经历中变得很敏感，他们对人性有着太深的体察与感受，天生心思细腻，善于觉察人的心理，反而觉得完美的人很虚假，有缺陷的人才够真实。

简亦： 对，我极度不喜欢爱装、爱吹嘘、"凹人设"的人。

林音： 为什么真实对你的感情那么重要？

简亦： 营造得再好的形象，以后都会破裂。何必等到那时候再追悔莫及呢？**现在的人都非常喜欢伪装，特别是刚开始有好感的时候，会给对方制造一个理想化的幻觉。**但就像泡沫一样，很多感情破裂，婚姻破裂，不都是最后那个理想化的形象破灭了吗？这样的事情太多了。我认为，我们没必要花那么多时间和精力给彼此营造一种完美的假象。我理解，人人都有想展示自己最好的一面的倾向，特别是在喜欢的人面前，**但如果一直这样，你放不下那个完美的自我形象，你永远都不会建立真正的亲密关系。**因为我理解的亲密关系，就是一个人在了解你是一个不完美的人，了解你不那么光鲜的过往后，还能选择站在你身边，不放弃，不抛弃。

林音： 你想要的是更深层的爱，一种精神上的理解与救赎。

简亦： 我记得，我放下那么多年心防的一瞬间，是他在聆听我过往的故事后，没有任何评判，没有任何自以为是的指导，没有不走心的安慰，只是默默地陪着我。他告诉我，只要我需要，他随时都在，愿意听我倾诉。那时，我有一种奇妙的感觉，我的那些记忆，我那些年的爱与痛，在表达的过程中，也慢慢变成了他的一部分，和他融为一体。"哦？原来这就是亲密的感觉啊，原来这就是亲密关系啊！"第一次，我感受到了人与人之间的惺惺相惜。我很感谢他，在听过我不堪的人生之后，并没有远离我，反而是跟我靠得更近。在更深的精神之海里，我们站在了一起。

林音： 这也许就是一个人之于另一个人的意义。和这样的人相处，你终于找到你所说的心里舒服和安全的感觉。

简亦：是的，非常放松。终于，世界上有一个人，你跟他在一起的时候，不用伪装，不用再那么小心翼翼。你可以做你自己。这不就是爱吗？我认为，爱没有那么多复杂的东西，很简单，我能在你面前，做我自己，而从来不会害怕被评判，被指责，被伤害。

林音：这就是我感觉现在的你跟之前状态完全不一样的地方。你没那么小心翼翼了。不会再一直担心会发生什么，别人会怎么看你，随时准备放弃或者逃离。那个回避的姿态，在你身上已经看不到了。你遇到了一个能够"拥抱刺猬的人"，这就是爱会带来的改变吧。

简亦：我小心翼翼了20多年，终于感觉自己是一个有支撑点的人了。我可以让自己鼓起勇气依靠别人，但又不害怕被改变，被伤害。过去是我们无法选择的，所以不是我的错。但未来是我可以选择的，所以从现在起，我要为自己的人生负责。

林音：心理学家荣格认为，每个人都有"人格阴影"——在走入一段亲密关系前，我们都只是一个人，一个独立的个体。我们之所以相遇，是因为每一个人都不完美，也因为这个世界太孤独，太浮躁，太复杂，我们需要被另一个人看见和接纳自己的阴影，才能更好地活出自己。我们在一起，是因为别人看不到真实的我，而你却可以。一段感情存在的意义，不是一个人对另一个人深刻的理解和看见。是我看见你了，看见你的悲伤、痛苦、快乐、向往，我理解你为什么会这样，我愿意和你站在一起。

简亦：对。以前我一直很害怕暴露真实的自己。因为我总觉得不能把底线交付给任何人。但当你自己变得强大之后，当对方也让你感到安全，你就会改变，我想这就是一个决定性的转变：你放手一搏，去建立真正的信任感。如果对方回应了你的真实，没有打破你的信任，那么一段亲密关系就此建立了。

07 要想拥抱大树，首先要让自我强大

林音：你在以前遇到过这样的人吗？如果你没有遇到现在的男朋友，你会跟以前一样吗？

简亦：这就是我想说的重点。一个人是不能坐在原地，蹲在角落被动等待被挽救或拯救的，你一定要先让自己强大。被拯救是电视剧里才会出现的剧情。以前我也遇到过不错的人，可是我实在是太恐惧、太回避了，就错过了。这三年，我一直都在克服前进的障碍，让自己变得更强大。回过头来想，哇，真的太难了，但一切都是值得的。

林音：每一个"回避型依恋者"都想要改变，但他们大部分觉得无能为力，因为这是一个你几乎一出生，就开始要面对的问题。你通过什么样的方法，让自己变得愿意去尝试一段关系，比起以前自身更加强大，给到自己足够的安全感？

简亦：比起方法，意志更重要。其实回避的人，在这么多年的小心翼翼中，会给自己创造一个安全的舒适区。他有时会觉得，虽然他跟人的交往很难受，错过了一些好的机会和人，但大部分时候，只要待在那个安全区，他都是感觉很舒服的状态，就像温水里的青蛙。但如果你待久了，就越来越难以去和人产生深度的联结，产生更亲密的关系。就像一个人独居久了，去走入另一个人的生活就越来越难。

林音：这就是以前你的想法"我就这样过一辈子也挺好的，最起码不会被伤害"。

简亦：是的。但我问我自己，你来世界一遭，你不知道真正的亲密关系是什么，你没体会过爱是什么滋味，你不懂人究竟是什么样的生物，会不会太无趣，太划不来了？你总是因为过去的种种经验，就预设你的现在和未来，实际上你会十分无力。所以我觉得，很重要的是你要抓住内心的那份冲动，实际去做一些事情。即使你会受伤，你也要说服自己，那又怎么样，反正我已经是受过很多伤的人了。

林音：很多人现在都是"性单恋"。他对某人产生喜欢和好感，却不希望获得来自对方的情感回应。而对方一旦回应，他的这份好感就会消失，属于"我看看就好，我不介入"的类型。还有一种，就是通过看别人的爱情，获得一种代理性的满足。"嗑CP"就是这种典型。"我可以不幸福，但我嗑的CP必须幸福。"你觉得这样的人，一直这样维持下去，是健康的状态吗？

简亦：我以前就是。我认为，这要看个人的选择以及内心真实的感受。如果你真的享受这样隔离的状态，与外界保持一定距离的关系，你觉得一辈子这样维持下去就够了，那也挺好。还有的人，觉得生命中还有很多值得去奋斗或者付出的事情，不一定要付出在感情上面，这也是你的选择。可如果你是被动的，因为过往的经历或者个性的原因，想建立一段亲密关系，想去爱，又不敢去爱，无力去爱，那么也许你要想办法去改变。

林音：这个世界是非常多元的，你对感情的态度和选择没有所谓绝对的好与坏，对与错。但你必须要听从内心的声音，才不会后悔。

这也是让你改变最大的意志力量吧？

简亦：对。**不管你选择什么，若要爱人，必先爱己**。要学会站在自己这一边，要让自己变得更加强大，能够抵御外界的压力以及过去的创伤给你现在的感情态度带来的负面影响。如果你总是特别容易退缩和动摇，那即使你找到了属于你的大树，可能你也会慢慢地把他作死或者逼迫对方离开。

当你处在最好状态时，你才能找到你真正所爱的人。只有拥有更多属于自己的自信，自己给自己创造安全感，保持清醒和主见，才可以不再因为自卑和恐惧冰冻自己的心，才能面对残酷复杂的现实，才有更多等待和找寻自己所喜欢的感情的力量。

08 两性关系模型：
谁在影响你对异性的态度？

林音：很多"回避型依恋者"常常跟我谈到一种对接触异性，特别是身体接触的感受，他们有时候会觉得反感甚至恶心。但实际上，对方并没有那么让他不喜欢。这种抗拒是天然的。你经历过吗？你是怎么克服的？

简亦：我也经历过这个时期。这是最原始的时期，那时候我对亲密关系的回避是最严重的。但我是有对象地排斥。一般的同学，可能稍微打打闹闹，我都不会特别反感，顶多觉得烦。但如果是有好感的男生，稍微接触，我就会有种神奇的排斥感。我想是因为那时候我挺自卑的，比如觉得自己身材不好，自己长得不好看，家庭环境造成的自卑，等等。错误的、过度消极的自我认知，加上还有一个深层的因素，就是我从小对身边的异性印象都不是很好，延伸到了其他个体身上，延伸到感情里面。

林音：为什么？发生了什么事情让你对异性有抗拒的感觉，甚至把这种感觉泛化到了更多的对象以及以后的亲密关系里？

简亦：这一点我只跟我男朋友聊过。我对我父亲的感受是很矛盾的。一方面，我觉得他本质不坏，也会关心他人；但另一方面，他脾气很不好，你根本不知道他什么时候会突然情绪爆发，可能他不是针对你，但那种氛围还是特别让人难受和恐惧，你时不时会提心吊胆，感觉特别不安全。所以我对他必须要保持一定的距离感。我希望他过得好，又不敢靠得太近。

林音：你对你父亲的感受以及和他相处的模式，似乎和你对其他男性有一定的相似之处。

简亦：有非常大的相似之处，都是特别矛盾的。父亲相对暴躁和攻击的那一面，可能就会让我对男性有恐惧和抗拒的心理，这种心理一直没有消除，泛化到了其他人那里。所以我极为讨厌脾气不好的男性。稍微对我有点不耐烦，或者发脾气，有一点点暴力倾向，我就会十分抗拒，马上远离，这已经成为一种自我保护的本能。

林音：一个人对两性关系的态度和相处模式，与一个深层的因素息息相关，即最初的两性关系模型。有人说，一个人和异性的相处模式，很大程度上取决于他与家庭中父母的异性那一方的相处模式。所以你对喜欢你的男生，或者你喜欢的男生会同时表现出时而依恋和欣赏，时而反感和抗拒两种反反复复、来来回回的矛盾态度，跟你和你父亲矛盾的感受和相处模式有关。你逃离的是控制或暴虐，依恋的是

213

疼爱和温情。

简亦：时远时近，像玩跷跷板一样，我一直在平衡内心，直到确定那个人特别喜欢我，或者我确定那个人是值得信任的人，我就会慢慢放下防御，这是一个漫长的过程。所以有人说，你的亲密关系是在疗愈过去的创伤。但我觉得，有一部分的确是，还有一部分是，你可以不受影响的，或者你可以缩短你去平衡的时间。

林音：什么样的方法？

简亦：首先，清晰地认知并表达出来，你在成长过程中，谁让你对亲密关系的态度、对异性的认知和感受产生了严重的影响。你不一定要向当事人表达，可以是向朋友、咨询师或恋人表达。如果你的这种想法，得到接纳和理解，那么你就会开始松动，开始觉得不是所有的感情都会走向同样的结果，不是所有的对象都会重复过去的阴影，不是所有人都会让你失望。这是一个很难的过程，但一旦你意识到，你对亲密关系的态度，是一些内心的阴影在作祟，你就不会那么执念于寻找到一个完美伴侣，就会放弃理想化的幻觉了。这就是回避型依恋者克服回避的开始。

09 契约恋爱，
一步步打破"爱无力"魔咒

林音：很多人特别着急，特别追求完美，好像我没有遇到特别适合的人，就一定不能做出任何尝试。你是怎么打破这个心理魔咒的？

简亦：我告诉自己要一步步来。所以我想到了一个方法。如果我不是以一个对对方要求那么高的女友的身份，而是以一个在学习亲密关系的探索者、学习者的身份进入一段关系，我觉得我的心态就要好很多。其实，没有人天生就知道你在想什么，也没有人总能完美地满足你的需求，每个人都是有不足之处的，我们都要在漫长的人生旅程中，谦虚地学习如何成为一个合格的伴侣。

林音：所以你开始了一段特殊的"契约恋爱"。

简亦：对。但这个契约不是那种以各种物质和情感为交换条件的契约，而是尝试性地去走入一段关系，降低双方内心的门槛。对于像我这样，心墙太高，门槛太高，永远都不可能跨出那一步的人，那就不如我们都抱着一个更加轻松的心态，来参与到亲密关系的学习和体验中。我们都是亲密关系的实习生，或者培训生。

林音：的确。你必须要在实际关系的体验中得到提升，学会经营一段感情，克服自己内心的障碍；而不是纸上谈兵，在幻想里满足自己的期望。从什么时候开始，你们发现彼此是合适的，开始成熟起来，能够开展一段关系？

简亦：最开始是两个月的"试用期"，对彼此都是一样的。但可能他比我成熟太多，心理上健康太多，他一直都是很坦然的心态。我是惴惴不安，诚惶诚恐的。不过还好，我们安然地度过了两个月，我对他更了解了，开始不那么排斥一些亲密接触了。到了半年的时间，好像跟其他普通的情侣没有太大的差别。但有的时候，我还是会因为不能正常表达自己的想法，不敢表达自己的想法，对冲突采取回避的姿态，而造成很多误会。那个时候，我也退缩过，想放弃过。可能对我这样的人来说，回避是一种常态，但关键是你要如何应对它，不要恐惧，要想办法。

林音： 最后让你们克服这一切障碍的，应该就是这种面对亲密关系坦然的、健康的学习和尝试心态吧。

简亦： 我一直追求的就是"朋友型恋人"。因为找一个所谓喜欢你的人不难，他可能因为你的长相、你的眼睛、你的性格、你的才华，甚至你的头发，很小的点就喜欢上你，但找一个懂你的人太难了，这个要花很多时间和精力，你才会打开自己的心扉，分享你自己的人生和内在。所以，对我这种回避型依恋者来说，从朋友做起，是特别好的选择。

林音： 这种关系最好的地方是哪里？

简亦： 什么都可以商量。它不是一种控制和斗争，而是彼此的沟通与和解。我觉得在亲密关系里，一直存在着很胶着的情感权力斗争，比如"什么要听我的""你哪里哪里做得不对""你这么做，就是不爱我"等。我不喜欢为太多的小事而去争吵，起冲突，磨灭原本就不坚固的感情。**我们采取的是一种合作的态度：你现在喜欢和我在一起吗？不喜欢的话我们可以讨论一下。你喜欢和我合作吗？如果合作不愉快的话，我们可以讨论一下问题在哪里。**哪里我们可以改进，如何调整自己，如何更加理解彼此，更好地协助对方，成为更好的自己。

林音： 这真的是一个很好的学习态度。纪录片导演沈可尚曾经提出过一个解决婚姻倦怠、冲突的方法：用"一年续约一次"的概念来看待婚姻。一年之后，你愿不愿意跟我续约？我们这一年出现的问题能不能得到解决？他希望所有人能放下对爱情或婚姻错误的幻想，跳出原有的固定框架，用好朋友的身份真实面对彼此，理解、回应、支持对方，共同去跨越障碍和困难。

简亦：这对回避型依恋者来说是特别合适的。因为他们有选择的余地，而且能有一个更好的心态，但前提是要遇到有同样想法的人。

林音：对你来说，你认为最终让你克服"回避型依恋"最主要的原因是什么？

简亦：努力和勇气。**我认为，亲密关系是一个人一生必须要修的一门课。** 我们回避型依恋者，就是属于基础很差的学生。我既没有第一任好老师——父母的模板可以学习，也没有正确的人引导，只能自己摸索。但是，我们还有机会去探索。既然是学习，那么肯定会犯错，千万不要害怕犯错。我知道被伤害，走入一段关系的结果不如预期对"回避型依恋者"来说会特别痛苦和难受，但这恰恰就是考验我们的时候。千万不要气馁，不要放弃。这就是你要过的关。

林音：对现在的你来说，经过一年对亲密关系的见习、学习和体验，你觉得什么是真正的亲密关系？

简亦：以前我特别挑剔，觉得一个人要怎样怎样，才是爱，才适合我，我才愿意去尝试。**现在，我觉得真正的亲密关系就是我需要的时候你会出现，陪伴我，和我并肩战斗；但同时，你也会放手，给我足够的空间去探索自己的人生。** 对我来说，只要你在最关键的时候站在我这一边，就够了。

林音：你想对那些和曾经的你一样，在感情里十分回避的人，说些什么呢？

简亦：你现在对感情的态度如此矛盾和回避，不是你的错。但我们不能因为过去的创伤和阴影，因为他人在我们身上施加的负面影响，就放弃对自己亲密关系的探索。这终究是我们自己的人生。要允许自己犯错，允许对方犯错，只要不是那种践踏道德的错误，那么作为一个学生，你有很多的机会可以去学习。**不要害怕被伤害，只有做好随时会被伤害的准备，这样的人才有资格去拥有自己想要的。**最后，追求爱情不是为了摆脱空虚寂寞，而是为了让自己和对方的人生更加丰盈。

心理锦囊

爱原本是一种本能，但这种本能却在巨大的冲击之下，被掩藏，被掩埋，被摧毁。

"回避型依恋"并非一日形成，是我们在旷日持久的负面体验中，渐渐失去了爱的意欲：在成长过程中，我们见过太多关系中的纠葛和不幸，从而感到心酸，对人失望；在如今利益为先的普遍现实面前，纯粹的付出得不到回报，真挚的感情反而被看作可笑。于是我们掩埋和冰封了真心。

但我们并不会因此放弃爱，它永远是人类精神生活最重要的部分。有什么方法可以让我们克服恐惧，缓解疏离，解冻一颗冰封的心，不再回避，更加勇敢地尝试去爱呢？

1. 停止复刻父母的相处模式，挖掘内心更多积极的情感因素

心理学家奥利弗·詹姆斯在《天生非此：家是如何影响我们一生的》一书中写道："对子女来说，想要获得父母赞同，最简单的方式就是完全复制他们的所作所为。复制有三种行为机制——言传、身

教和身份认同,其中最重要的是身教。不同于父母的主动教导,孩子从很小的时候就开始认真学习父母的行为,并对其进行一丝不苟的模仿。而父母之间的关系,也成为孩子对亲密关系的模板和学习对象。"

不能否认的是,一个人日后对于情感的态度,与父母之间的相处方式、家庭整体的环境、家长对孩子的教养方式,都有紧密联系。

作为孩子,他们曾满怀对世界的美好向往,曾天真地以为人们是因相爱而结合的,但看到父母无尽的争吵、家庭中肆意的攻击与伤害后,发现撕开爱情美好的假面,全是撕心裂肺的痛苦挣扎。最后,幼小的孩子成为家庭战争的工具和牺牲品,只能蜷缩于角落,在心里反复呼喊:如果不爱,为什么要在一起呢?明明是一家人,为什么要彼此伤害?

亲密关系中所有的黑暗面都在幼小的孩子面前暴露出来,让他无力承担。父母关系的不和谐所带来的影响,深深烙印在孩子的性格里,让他充满恐惧、自卑和疏离,从而冰冻了自己的心,不再勇敢去爱。

如果一个孩子没有见过身边的人,特别是父母相亲相爱的样子,不知道和谐的亲密关系是什么模样,如果他对于爱情的理解仅仅来自电影或书籍,只是在幻想中抚慰自己受伤的内心,那么错误的认识就会渗入他的意识深处:现实中的爱情,或许都是这般不堪的模样。他会认为,与其如此,还不如不爱。

但一个人没有父母的良好关系做榜样和示范,就一定学不会如何去爱吗?在充满矛盾的不幸福的家庭里形成了不健全的依恋,就无法再去建立亲密关系了吗?

并不是这样。

导致关系中矛盾冲突的因素是多重而复杂的，那些上一代身上发生的情感问题，不一定会在我们身上重演。父母性格里的缺陷，你不一定有，而他们感情里的问题，也和你与你伴侣之间的不尽相同。

面对这种从原生家庭延续过来的问题，首先要学会梳理原因，停止复刻父母的某些相处模式。

你需要知道，在不断争吵的环境里长大，会让一个人个性偏向安静，厌恶纷争，逃避感情；被情感忽视的人，在亲密关系里会对另一半要求很高，习惯性寻求关注；遭受强烈语言暴力和情感打压的人，会在感情里怯于表达自己，害怕做自己……如果我们知道自己对待亲密关系的看法和家庭成长环境有着何种关系，理解父母争吵背后各自的防御心理机制是什么，理解过去的创伤如何影响了你的恋爱观、婚姻观，那么我们就能够在一定程度上理解自己在感情里的所作所为，就能够知道什么样的爱才是真正的爱，就能够及时阻断自己在亲密关系里犯同样的错误，规避很多亲密关系里的问题。这种反思和对亲密关系深刻的理解，就是我们在情感里的积极因素。

对简亦而言，因为深受父母彼此伤害的影响，她对感情疏离，对人缺乏信任感，但也因此知道不断争吵会消耗人的感情，即使再相爱的人、再深的感情，也会因此而毁于一旦。因此她理解了尊重和沟通的重要性，也学会了有边界感的爱，没有强烈的控制欲。这种反向思考和总结、对于人性的理解、理性的态度和观念，会帮助她避免很多关系里的矛盾和冲突，在感情里保持精神和思想的相对独立。

同时，一个人性格里的积极因素，也可以被充分挖掘。比如有的人与自己的父辈不同,同理心强,共情力高,更能理解一个人内心深处的爱与痛,很多上一辈人有的问题,就不会在自己身上再次发生。

总之,我们要明白,只要了解了自己对感情的态度与哪些成长经历有关,受到何种家庭因素的影响,如何影响,我们就有机会停止复刻上一辈的相处方式,不再重复同样的情感悲剧。我们也要挖掘自己性格中的闪光点,克服消极因素,利用积极因素,更好地去爱。

2. 不再通过移情寻找"理想父母",努力自我接纳以拥有合理的情感诉求

如果父母让我们不满意,他们之间的关系让我们痛苦,我们会充满不安全感,对亲密关系的要求非常高,对另一半的要求也很高。所以,很多在童年受过创伤的人会按照"理想父母"的模型去寻找恋人。

"理想父母"就是很多人对另一半不合理的高要求的来源。这种高要求,往往会让我们的感情产生更多问题,更加受伤,进而封闭自己的内心。比如我们生活中可能会遇到很"作"的人,他们总是因为一点小事就和另一半爆发冲突,吵架,提出分手。

有一个来访者,当她第三十几次提出分手时,她的男友终于受不了了,没有挽留她。但其实她并不是真的想分手,只是用这种方式恐吓威胁对方,而每一次对方的极力挽救和痛苦,恰恰可以证明自己在他心里的重要性。后来她反思说,因为自己从小在家不受重视,情感上被忽视,这种巨大的不安全感、被抛弃的恐惧和被爱的渴望,让她内心深处无比期望有一个人可以无条件接纳她,顺从她。不管发生什么事,对方都对她不离不弃,把她放在最重要的位置。只要她不喜欢的,对方就一定不能做。如果对方表现出一丁点不耐烦,她就觉得

受不了而歇斯底里。哪怕没有任何事情发生，她都会主动找碴儿，有意考验另一半的态度。但不管对方怎么说，怎么做，她似乎永远都不满意。

她不断在"作死"的边缘试探，就是在确认这一点——"你是不是我理想中的对象，你会不会像我的'理想父母'一样，不管我做什么，都能够包容我的一切。"

无条件的关注和接纳本是她对自己"理想父母"的要求，但因为未能达成满足，她把这份期待转移到了自己的另一半身上，希望靠另一半来治愈自己，以弥补内心的缺失。她像一个病人，不断要求对方像医生一样治疗自己，安抚自己，解救自己。

这些都是她极度不自信、缺爱和没有安全感的表现。

因为缺爱，导致在感情里，一点小问题就会唤醒她的占有欲、控制欲、疑心病，勾出她的狭隘、自私、敏感、无理取闹……然而，日复一日的索求和错误的表达方式，都足以令她自己和对方痛苦不堪。这样不对等，不公平，充满不合理诉求的感情注定不会幸福和长久，所以关系破裂后她又后悔莫及。

只有看清楚你的问题所在，才能停止对"理想父母"的寻找。当你发现你对另一半有着不同寻常的高要求时，你就应该意识到，你内心长久的、巨大的缺失又在潜移默化地发挥作用了。你把对"理想父母"的期待转移到了你现在的亲密关系之中，其实你在寻找的，并不是你真正喜欢的人，而是你需要的、能挽救你痛苦、治愈你创伤的人。

要想爱人，必先自爱。

过去经历造成的情感缺失与痛苦，不是我们把爱情当作自我救赎的理由，另一半并不能成为你治愈创伤的工具。那些因为不能自我接纳而造成的不合理的情感诉求，我们需要自己去克服，为自己负起责任。而亲密关系恰恰给我们提供了一个很好的机会，让我们彼此更好地成长。

如果你不再因为过去的心理缺失，对另一半有超出合理范围的情感诉求，你就能真正地去理解一个人，爱一个人，亲密关系自然更加融洽和谐。

3. 不苛求自己的完美，别被"理想自我"绑架

很多人对自己很苛刻，非常坚定地认为"只有自己优秀了才有人爱"。

他们会这样形容自己不谈恋爱的原因："我长得不够好看，不够优秀，也不够有趣。这个世界这么大，优秀好看的人那么多，有那么多选择，而我并不具备吸引一个人的特质，更不要说和一个人长期在一起了。别人不会选择我，我也不会选择别人。"这种"我不够好"的信念一直在脑中盘旋，即使喜欢他的人不断告诉他，"你真的是个不错的人，你值得人去爱"，他也会感到无比意外，不愿意相信，同时坚定地拒人于千里之外。

这种人心目中的优秀标准，就是他们内心的"理想自我"。一个自卑的人，不管面对多么能给他安全感的人，都会觉得不安全，面对难得的缘分，都会认为自己不配拥有，于是缩回了想要触碰幸福的手。

因为自小受到太多爱情电影或小说里描述的完美爱情的影响，我们会认为一对恋人一定是并驾齐驱、默契无比、完美适配的。但实际上，哪里有那么多并驾齐驱的爱情呢？谁又会没有缺陷呢？

所谓并驾齐驱，并不是说我们在很多方面是对等的，而是能够在不同的方面互补，给到对方支持。你有的，我没有，我没有的，你有。很多人因为错误地理解亲密关系，看低了自己，从而关闭了自己爱的能力，丧失变得更好的机会，也错过了难得的机缘。

不要苛求自己，也不要被"理想自我"过度绑架，陷入自我否定的泥沼。

相反，我们应该学习自我暴露，尽量展露内心的真实和脆弱，这会让你和对方靠得更近。因为每个人或多或少都有一些心理阴影，都有不能自我接纳的地方。在遇到另一个人前，我们都只是一个独立的个体。我们之所以相遇，恰恰是因为每一个人都不完美，也因为这个世界太孤独、太浮躁、太复杂，我们需要分享彼此的悲伤、痛苦、快乐、向往，才能更好地活出自己。

4. 面对残酷复杂的现实，努力"去自我中心化"，拥抱真实的情感世界

为什么我们对爱一个人越来越回避？很大程度上是因为恐惧。

卡伦·霍尼在《我们内心的冲突》中说：一切恐惧浓缩后的东西，那就是害怕自身有任何改变。因为恐惧被改变、自我空间被压榨和侵犯，所以我们就像自动反弹一样地要死死护住内心的某种珍贵的东西，不让任何人靠近——这是一种极为严格的个人边界，与我们长久以来的情感体验相关。

一个人没有获得足够的尊重，边界常常被侵犯，于是特别在意自己是否能拥有属于自己的空间。**一个自尊心很强却在感情里受过伤、体会过患得患失的人，很可能会希望自己不再丧失自我，对独立精神有高度的要求，把自我保护的需求置于任何喜欢和好感之上。**在感情里保持精神独立本无可厚非，但超出合理范围之外实际上是一种过度的自我保护和防御。因为恐惧，有些人把自己保护得实在太好了，以至于隔离了真实的情感，远离真爱。

"爱"是一个"去自我中心化"的过程。

"去自我中心化"是指主动考虑对方的感受和利益，不再完全将自我需求放在第一位或唯一的位置，或部分妥协自己的情感需求，把人与人之间的关系看作一个整体，而不是全然割裂。真正的爱，必然会破除以自我为中心的倾向，你内心的关系的延展，就从我变成了我们。

把两个人当作一个整体看待，并不意味着个性的丧失和自我的牺牲，而是由一个孤立的个体，孤独的"一元关系"，成为更加紧密整合的整体，走向真正的人与人之间灵魂深处的亲密。

也许在现实生活中，我们会发现没有多少人愿意妥协，反而总是把自己的需求放在最高的位置，不断权衡利弊，不愿意主动承担责任，加上混乱的价值观、放任的生活方式、道德感的缺失……这样的现实让我们失望。这就是哲学家马丁·布伯所说的一种"我和它"的关系，即把人当作工具、当作利益链条里的一个组成部分，带着明确强烈的功利目的去与人交往的关系。

工业化和现代化发展的进程，已经使人们的心灵越来越异化，人心变得功利且浮躁，连感情都成为负累。在本应该最重视灵魂交流的亲密关系里，都很难产生深层次的交流。我们虽然无法完全改变现实现状，但可以改变自己对感情的态度。

当我们在感情里扮演功利的、虚假的人设，将所谓的爱作为权衡利弊的工具，就注定只能吸引功利的、虚假的联结，注定和自己生命中的重要他人越来越远，让内心走向无尽的空虚和孤独。**只有用心交流，才能消除彼此的隔阂，走进对方心里。人与人只有灵魂相遇，才能算真正的亲密。**

5. 致亲爱的你：你天生拥有爱的能力，唯独缺的只是那一点勇气

我曾经也是一个重度回避型依恋者，对我来说，和一个人建立亲密关系，甚至走入亲密关系，是世界上最困难的事情。

那时，我对亲密关系的理解是十分片面，充满负面印象的。对于如何和人交往，我也没有任何头绪，直到我遇到哲学家马丁·布伯。

"凡真实的，必会相遇。"这是哲学家马丁·布伯"相遇哲学"的精髓，也是走出丧失爱之欲望，克服回避亲密关系的重要方法。

真正的亲密关系是"我和你"的关系，简单来说，就是交心。要想建立亲密关系，需要一个人多一点勇气，不故步自封，努力去打破内心的障碍，在尊重自己本心和意愿的同时，主动关心对方的生命和成长，用真实的自己跟重要他人联结，彼此理解和接纳。这样我们的孤独感才能得到真正意义上的缓解，生命力才能延展和爆发。

"真实的碰撞"会使人们脱离以自我为中心的交流模式，向可能

的爱情敞开自己的怀抱，以平和的心态尝试和追求爱。**即使再难，也选择融入，而不是逃离。这样我们才会呈现出自己本真的模样，才能触摸到爱的真谛。**

我告诉自己："真实就好了。"你是谁，就告诉别人你是谁。你是什么样，就展示出什么样。不要包装，不要虚伪，不要逃避。

所以，我决定不再对亲密关系抱有想象和幻觉，而是用一种体验式的态度学习亲密关系到底是什么，那些我的父辈、我的环境、我的教育未曾教会我的，在我成年之后，我的体验和探索教会了我。结果我收获了很多。最重要的收获是，我重塑了一个拥有足够安全感的自我，建立了充分的自信，走出了回避型依恋的影响。

对回避型依恋的人来说，爱是一次次伸出想触碰的手，最后又逃离。在人生这场旅行里，他们正在寻找的是一个真实、开放、包容、有责任心的人生旅伴。如果可以，希望你用一颗充满耐心的心靠近他们，给予他们足够的空间去消化、吸收，在他们犹豫时用力地拥抱他们，他们恐惧前进时紧紧握住他们的手。

当你表现出与他一致的对感情的认真态度，对家庭强大的责任心，他也许会主动靠近你，珍惜你，像发现宝藏一样把你捧在手心。因为真实、善良、细腻、温暖如他，一生最缺乏的，就是那一点爱人的勇气。

如果你是回避型依恋者，也希望你不再害怕受伤，对喜欢之人忽冷忽热，伤害他的情感，希望你一生能有一次，鼓起勇气，大胆去爱。

多少人曾有机会与真爱相遇，又被缺乏安全感带来的犹豫不决劝退，被自卑引起的否定怀疑限制，被过去创伤导致的恐惧牵绊……**所谓的回避型依恋，不是因为我们失去了爱的能力，而是因为我们关闭了自己的心，耗尽了热情，并不再相信亲密关系。**所以无数次，当别人问我，我到底该如何去爱时，我会抛弃无数理论和知识，剔除经验和诸多成长经历的体会，答案只有两个字：

勇气。

终章

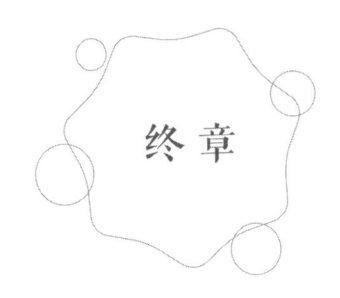

30岁，
我决定过一种"不无力"的人生

> 从无力到有力，这个给自己注入力量的过程需要非常多的努力和勇气。但仍然有很多年轻人慢慢地从这个状态里走出来，与自己和解，追求理想与现实的平衡。这就是生命本身的韧性。

完成这本书，大约花费了七个月的时间，但其实对于"心无力"这个问题，我探索了长达"七年"的时间。

因为看到太多的年轻人处在我曾经遇到的"心无力"的境况里，我觉得非常可惜，心痛，感同身受。**我不希望一个人在他本该最灿烂、最有激情和对生命最热爱的时光里，这么无力颓丧地活着，对人生抱有不知如何是好的态度。**

但我也知道，现实生活中有非常多我们无法改变的事情，"躺平"是无奈中的自我保护之举。尽管如此，我仍然坚信，我们总归是有路可走的。这个路，更多的是在心态上的转变。如果暂时无法改变现实，那么请改变自己。

从无力到有力，这个给自己注入力量的过程需要非常多的努力和勇气。但仍然有很多年轻人慢慢地从这个状态里走出来，与自己和解，追求理想与现实的平衡。这就是生命本身的韧性。

你会被击倒，但不会被彻底击垮。你会在人生的某个阶段陷入无力的泥沼，但你会慢慢爬出来，重新找到人生的坐标和方向。

"行尸走肉",是很多人对自己状态的形容。但你是否知道,当你为自己注入新鲜的血液,当你找到前行的方向,当你寻找到自己的灵魂,那这样的躯体就会重新焕发生机,涅槃重生。

在我20多岁时,经历了漫长且痛苦的"心无力"时期。庆幸的是,我没有被彻底击垮,它成了我人生的宝贵财富,让我可以在此和你交流自己曾经走过的历程——"自我PUA",微笑抑郁,快乐无能,恋爱失格,空心人生……

在我30多岁时,也和你们一样,要面对更多挑战,更多无法逾越的理想与现实的差距,但一颗稳定的、日渐成熟的、充满力量和希望的心,将是我们最有力的支撑。

面对现实,希望你不沉沦于痛苦、愤恨和颓废,不要被倦怠与无力拖垮,学会和解和自洽。

愿每一个努力拥抱生命的人,都能在挣扎中救赎,在伤痛中寻找真实的自我。请不要放弃内心的冲动和真实的自己。你会时常听到真实自我的召唤,走向本该属于你的路。在这个充满重重挑战、纷繁复杂的世界,在容易"心无力"的时代,拥有一颗不被焦虑控制,不被虚无裹挟,丰富、强大且拥有力量的心。

致谢

在找不到人生方向的很长一段时间里，我都是个没有生命力的人：丧失自我，感到迷茫，对他人无法信任，无法去爱。我感到自己与周围世界格格不入，是个"非正常人类"，很难与他人之间建立深刻的理解和感情，以至于总是需要不断地自我协调，才能尽量保持积极"活着"的状态。

有一天，我的咨询师对我说："其实，世界上有一群和你一样的人。"我说："是吗？是什么样的人？"他答："和你一样内心非常敏感、丰富而有爱的人。这群人很特别，你我都在其中。有一天，你会遇到他们，你会开始对这个世界产生兴趣，也会喜欢上自己。所以，即使你感到艰难，也尽力地、勇敢地往前走吧。"

如他所说，当我鼓起勇气从原来待遇不错的职业离开，让人生"脱轨"，尝试去追寻自己感兴趣的人和事，这个过程里我遇到了很多人生的同行者。我们交流彼此的体验和想法，他们也理解我的感受和追求。精神世界的交融唤起了我的内在力量，让我重新找到了那个被掩埋很久的真正的我。所以，我总是很感恩，当初和这些人的相遇。

感谢我很欣赏和尊重的心理学人——"壹心理"创始人老黄。迷茫的时期，我有幸遇到一个情怀理想和意志勇气兼备的引导者。你创造的心理学平台，一个兼顾专业和情感，包容又有爱的"世界"，让很多年轻人接触到心理学，自我得以生长；让无数个体重新拥有和塑造内在力量，找到自己的人生方向，并引导一些人用自己的专业和能力为社会心理大环境的改变做出贡献。

感谢我的好友——思雅。你总是不厌其烦地聆听我各种各样天马行空的想法和丰富的感受。你走入我独特的内心世界，抛却偏见和评价，总是好奇地的反问我——"然后呢？""下一步呢？""为什么呢？"你对生命的好奇心和接纳，始终是鼓励我坚持探索，不断向前走的重要力量之一。

感谢我的好友——碗仔。你教会了我什么是"勇气"。在相对传统的家庭里长大，接受传统教育，你却没有被这些传统思想固化，总是在寻求改变。即使是不熟悉领域的挑战，和别人差距巨大，你也不会放弃，在每个人身上不停学习优点，直至获得进步。所以今日，你慢慢做到了自己想要的成绩，我为你骄傲和开心。

感谢我的好友——小娣。你是我见过的最有"心理韧性"的人，像弹簧一样。在你身上，我理解了人这种生物本身所具备的巨大力量。不管遭受什么，即使在忍受病痛和人生困境的日子里，你也总能找到其中存在的积极因素。你让我相信，人永远有力量去面对任何困难，活着就不会彻底被击垮。这种发自骨子里的乐观和积极，对他人和自己的包容，一直影响着我对人对事的态度。

感谢我的好友——咨询师亚南。你让我深刻地理解了什么是"人本主义心理咨询",什么是"助人自助"。你不评判,也不指引,只是默默聆听和接纳。谢谢你深度的共情和理解,在人生的至暗时刻融化了我的抑郁和无力,让我知道,原来人与人之间的理解如此感人,原来世界上真的有能接纳彼此内心真实的存在。最终,我也走上理解和拥抱人性之光的道路。

感谢陪伴我多年的咨询师,以及一路上支持我的家人和朋友。我相信,发自内心的爱和接纳,永远是一个人最坚强的堡垒。

最后,对每一个接触这本书的人而言,如果你感到无人理解,内心孤独,与世界格格不入,感觉不到活着的意义和努力的方向,那你只是暂时被周围不欣赏你的人蒙蔽了双眼,被固化的观念和框架限制了思路,被过往那些无助的体验掩盖了内心丰厚而广袤的力量。你要做的,唯一需要去做的,就是不放弃希望,一次又一次地勇敢尝试,在这个过程里不断看到自己的优势,找到属于自己的那条路而已。如同当年我的咨询师、事业伙伴及朋友告诉我的那样,我也想告诉阅读这本书的你:

"你不是奇怪的人,你是像星星一样的人。"

最终完稿于 2021 年 4 月

图书在版编目（CIP）数据

走出心无力 / 林音著 . — 北京：台海出版社，2022.5（2023.3 重印）

ISBN 978-7-5168-3280-6

Ⅰ . ①走… Ⅱ . ①林… Ⅲ . ①心理学—通俗读物 Ⅳ . ① B84-49

中国版本图书馆 CIP 数据核字 (2022) 第 060457 号

走出心无力

著　　者：林　音	
出 版 人：蔡　旭	封面设计：Yang
责任编辑：王　萍	

出版发行：台海出版社
地　　址：北京市东城区景山东街 20 号　　邮政编码：100009
电　　话：010-64041652（发行、邮购）
传　　真：010-84045799（总编室）
网　　址：www.taimeng.org.cn/thcbs/default.htm
E－mail：thcbs@126.com

经　　销：全国各地新华书店
印　　刷：三河市兴博印务有限公司

本书如有破损、缺页、装订错误，请与本社联系调换

开　　本：710 毫米 ×1000 毫米	1/16
字　　数：200 千字	印　　张：15.75
版　　次：2022 年 5 月第 1 版	印　　次：2023 年 3 月第 3 次印刷
书　　号：ISBN 978-7-5168-3280-6	

定　　价：58.00 元

版权所有　　翻印必究